ホモ・サピエンス
繁栄の鍵は小脳

～小脳と言語～

田村　至

東京図書出版

まえがき

　現生人類のホモ・サピエンスは、およそ20万年前から生存し、世界の総人口は1960年の30億人、1987年に50億人、2010年には70億人、そして2023年は80億人に達し、増加の一途をたどっている。人類は、進化とともに脳が巨大化したことはよく知られている。しかし、繁栄を続けているホモ・サピエンスと絶滅したネアンデルタール人の大脳の大きさはほぼ同等でありながら、両者の進化における違いは極めて大きく、ホモ・サピエンスがこれほどまでに繁栄した最大の理由は、ホモ・サピエンスが高度な言語を持ちえた結果と考えられている。

　筆者は、失語症・高次脳機能障害を専門として、失語症の評価と治療や脳血管障害、神経疾患患者の高次脳機能評価を行ってきた。小脳障害患者の高次脳機能評価を多数経験し、語の想起および記憶の障害が特徴的にみられたことから、小脳と言語や記憶の関係に関心を持っていた。近年、ネアンデルタール人の小脳の体積が、ホモ・サピエンスよりも小さいという報告および生後7か月の子供の小脳の体積から12か月の言語能力を予測することができるという報告に触れる機会を得た。脳研究、特に言語、記憶、注意などの高次脳機能研究は、主に大脳が研究対象になっており、小脳は、運動機能については、古くから研究が行われ解明されてきたが、高次脳機能における小脳の関与は、近年になって研究が進んできた新しい領域であり、いまだに小脳は、過小評価されていると思われる。

　本書では、ホモ・サピエンスの繁栄を生んだ要因として高度

な言語の存在が考えられ、言語を獲得できた主な原因が大きな小脳という新しい仮説を様々な視点から検討したい。

　言語などの高次脳機能の研究は、認知心理学、脳科学、神経心理学、発達心理学、進化人類学、生物学、遺伝学など多様な角度からアプローチされている。脳の研究は、それぞれの研究領域で独自のパラダイムで行われており、いずれも研究は高度化・細分化している。しかしながら言語の本質は、各々の研究領域の枠組みを超えた統合的視点によって解明されると思われる。そこで本書は、ホモ・サピエンスが言語を獲得し、繁栄を遂げた謎を理解するために、第1章では、本書のテーマとなる小脳の機能と構造の概要について述べる。第2章では、進化の概念、言葉を持たないチンパンジーとヒトの類似点と相違点、類人猿から旧人類を経てホモ・サピエンスに至る進化の過程とそれに伴う脳の巨大化と言語の起源、ネアンデルタール人の絶滅の理由、ネアンデルタール人とホモ・サピエンスの脳、特に小脳の違いについて論じたい。第3章では、「ヒトはなぜ言語を使えるのか」という疑問に関して、まず発達の視点から子供の言語獲得の過程、さらに言語発達における小脳の役割について述べる。また失語症の言語障害を生み出すメカニズムから言語の脳内情報処理について考え、さらに言語の情報処理における小脳の関与について脳機能画像研究などから検討する。第4章では、言語以外の高次脳機能として、効率的に情報を処理する脳機能（認知脳）、報酬を求める脳機能（欲望脳）、コミュニケーションの背景となる他者のこころの理解や認知脳と欲望脳の調整、抑制機能を行うメンタライジング（社会脳）、記憶などにおいて脳機能画像研究によって明らかとなった小脳の役

割、小脳疾患の高次脳機能障害、小脳の無意識的思考について論じる。第5章では、ホモ・サピエンスの繁栄の理由、言語の視点から見たホモ・サピエンスの過去と現在、さらに言語の長所と短所、右脳－左脳問題、最後にホモ・サピエンスの未来について論じたい。

目　次

まえがき i

第1章　小脳とは 7

1 小脳の概要 7

2 内部モデルについて 13

3 小脳の進化 14

4 小脳障害による諸症状 15

5 小脳の代表的な神経疾患 15

6 小脳と高次脳機能 16

第2章　人類の進化と言語の起源 19

1 進化とは 19

2 ヒトとチンパンジーの共通点と相違点 20

3 人類の進化 29

4 ネアンデルタール人の絶滅とホモ・サピエンスの
繁栄 33

5 脳の巨大化 36

6 ネアンデルタール人とホモ・サピエンスの
小脳の違い 45

第3章　子どもの言語獲得と失語症 54

(I) 子どもの言語獲得 54

1 ヒトは、どのようにして言語を獲得するのか 54

2 言語発達と小脳 77

(II) 失語症と言語の脳内情報処理 83

1 失語症 83

2 言語機能への小脳の関与 95

第4章　小脳と高次脳機能 106

1 執行系と小脳 106

2 報酬系と小脳 110

3 メンタライジング系と小脳 111

4 記憶と小脳 117

5 小脳損傷による高次脳機能障害 119

6 脊髄小脳失調症における高次脳機能障害 120

7 無意識的思考と小脳 124

8 小脳は大脳の増幅器（ブースター）説 127

第5章　ホモ・サピエンスの過去・現在・未来 134

1 ホモ・サピエンスにおける小脳と言語 134

2 言語の長所－短所と右脳－左脳問題 136

3 ホモ・サピエンスの歴史と言語 143

あとがき 155

Abstract（英文抄録）..........................157

第1章

小脳とは

■1 小脳の概要

　小脳は、人類進化の過程で大脳皮質と同様に劇的に拡大した
といわれている（Leiner et al. 1991）。小脳の重さは成人で150
グラム、脳全体の重さの10％程度である。大脳皮質の細胞数
が160億個であるのに対して、小脳には、690億個という多数
の神経細胞があり、大脳の4倍以上の神経細胞数を持っている
（Azevedo et al. 2009）。小脳には、大脳皮質の脳回に相当する横
走するしわが多数あり、後頭蓋窩内での小脳皮質の拡大が可能
な構造になっている。小脳は頭尾方向正中に存在する小脳虫部
と左右一対の小脳半球から成っている（坂井2017）。

1) 小脳半球の区分 (図1)

　小脳は、図1の上から、前葉（anterior cerebellum）Ⅰ～Ｈ
Ⅴ、第1裂の下部が、上後葉（superior posterior lobe）ＨⅥ～
ＨⅦ b だが、水平裂の上部が、ＨⅦ（Crus Ⅰ）、水平裂の下部
が、ＨⅦ（Crus Ⅱ）であり、第2裂の下部が、下後葉（inferior
posterior lobe）ＨⅧ～ＨⅨとなっている。前葉が運動、大きく
拡大している上後葉が認知、下後葉が情動に関わるとされてい
る。

7

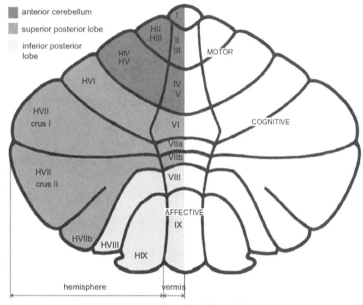

図1　小脳の解剖学的部位

Mariën P & Borgatti R. Language and the cerebellum. *Handbook of Clinical Neurology*, Ch. 11, p. 183, Elsevier, 2018

2) 小脳核

　小脳白質の深部に4対の小脳核（室頂核、球状核、栓状核、歯状核）がある（図2）。小脳核には、小脳皮質のプルキンエ細胞が投射する。小脳核のニューロンから出る神経線維は、小脳から外に投射する神経線維の大部分を占め、上下小脳脚を通って出ていく（坂井2017）。発生的に最も新しい歯状核は、他の動物と比較してヒトにおいて著しく発達しており、その細胞数は、ヒトで約28万個、猫で約4.6万個ある（川村1986）。

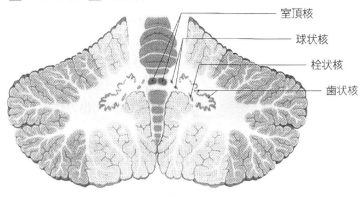

小脳核，水平断
図2　小脳核
坂井建雄『標準解剖学』p.547，医学書院，2017

3) 小脳の機能的区分（川村1986）

- 前庭小脳

片葉小節葉は、前庭小脳と呼ばれ、前庭小脳は前庭入力と視覚入力を受け、前庭神経核に投射し、平衡調節、他の前庭反射、眼球運動に関与する。前庭小脳は、小脳の中で最も原始的な部位であり、すでに魚類にもみられる。

- 脊髄小脳

虫部と隣接する前葉後葉の半球中間部は、脊髄小脳と呼ばれ、脊髄から体性感覚情報を受ける。中位核（球状核・栓状核）は、半球中間部からの投射を受け、室頂核は、虫部、片葉小節葉からの投射を受け、姿勢と運動の制御に関与する。

▪ 橋小脳

　前葉と後葉の半球外側部は、橋小脳と呼ばれ、反対側の運動や感覚野、連合野などからの大脳皮質情報を橋核経由で受け取る。橋小脳（小脳半球外側部）は、歯状核に出力し、ここから視床と中脳赤核に投射し、運動の企画や認知、情動、言語などの非運動性の小脳機能に関与する。橋小脳は系統発生学的に最も新しく、ヒトや類人猿では猿や猫に比べてはるかに大きく発達している。

4) 小脳の入出力経路 (図3) (坂井2017)

　小脳への入力線維は、すべて小脳皮質に投射する。小脳皮質からの投射線維の大半は小脳核に送られ、そこから小脳外に投射する。小脳への入力には3種類の経路があり、小脳皮質は入力の種類により3つに区分される。

　ⅰ) 小脳への入力と中枢機能
①前庭小脳：前庭からの入力を受け、平衡覚を維持する。
②脊髄小脳：脊髄からの入力を受け、筋緊張を調節する。
③橋小脳：橋核からの入力を受け、熟練した運動を営む。
　ⅱ) 小脳からの出力
小脳からの出力には以下の4種類の経路がある。
①片葉小節葉：前庭神経核に出力。
②小脳虫部：室頂核に投射し、さらに脳幹網様体と前庭神経核に出力。
③小脳半球内側部：球状核、栓状核に投射し、さらに赤核と視床の VL 核に出力。

第1章　小脳とは

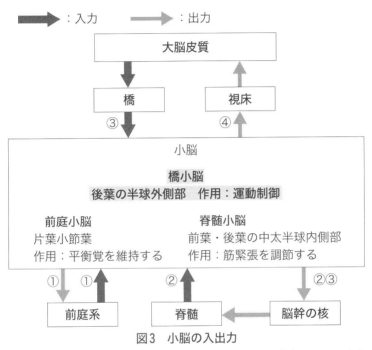

図3　小脳の入出力

坂井建雄『標準解剖学』p.547, 医学書院, 2017を改変

④小脳半球外側部：歯状核に投射し、さらに赤核と視床の VL核、下オリーブ核に出力。

5) 小脳皮質（図4）

　小脳皮質は、三層構造（分子層、プルキンエ細胞、顆粒細胞）からなっている。小脳の主要細胞は、プルキンエ細胞、顆粒細胞、ゴルジ細胞、かご細胞、星状細胞の五つであり、小脳皮質の神経回路は、大脳皮質の6層構造と異なり、どの部位も

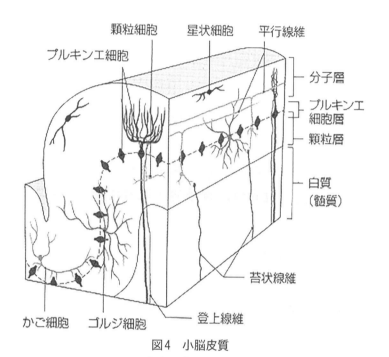

図4 小脳皮質
坂井建雄『標準解剖学』p.548, 医学書院, 2017

一様な構造である。プルキンエ細胞は、小脳の主要細胞であり、顆粒細胞から20万個のシナプス入力を受ける。小脳皮質は、入出力が単純であり、出力は、プルキンエ細胞からの出力のみである。入力は2系統で、ひとつは、顆粒細胞を介してプルキンエ細胞への入力、もうひとつは、登上線維からの入力である（川村1986）（坂井2017）。

② 内部モデルについて

　小脳のシナプスには可塑性があり、小脳は試行を繰り返す過程で誤差を検出し、系のパラメーターを変化させて「内部モデル」を形成しているという説が有力となっている。小脳の内部モデルとは、小脳の運動機能獲得は、長期抑制システム、つまり登上線維によってエラーの情報がプルキンエ細胞に繰り返し伝わると、登上線維と同時に活動していた平行線維からの信号がその後、長期間にわたりプルキンエ細胞に伝わりにくくなるというエラーを修正する形で行われており、内部モデルは、目的にかなった運動をするためにどのように筋肉や関節を伸縮させるかという運動指令を作成する逆モデルと運動指令を実行するとどのような結果が生じるかを予測する順モデルからなっている。エピソード記憶の記憶痕跡が短期的には海馬に貯蔵されるが、長期的には大脳皮質に転写される仕組みと同様に、練習を繰り返すことにより、見かけ上運動記憶がプルキンエ細胞から小脳核の神経細胞へシナプスを越えて移動する記憶痕跡の転写により、無意識で円滑な運動が記憶され実行可能になる（永雄2012，2015）。小脳障害は、内部モデルが欠落し、予測的あるいは適応的な制御を行うことができないものと考えられている（三苫2009）。Ito（2006）は、小脳が内部モデルを形成することで運動のコントロールだけでなく、認知機能においても敏速な情報処理が可能になるという仮説を提出している。しかし内部モデルは、意識的思考を除外し、無意識的思考に限定されている点に注意する必要がある（Ito 2006）。Ito（2006）は、側頭頭頂葉に集積・統合された情報からメンタルモデルが形成さ

れ、ヒトが認知活動を繰り返しているうちにメンタルモデルが小脳の内部モデルにコピーされ、前頭前野は内部モデルを操作して無意識的な思考が可能になるという仮説を述べている。言葉によって意味を伝達する場合、その大部分は、意識的活動である。しかし、文法に関しては、われわれは外国語を話すときは、文法的に正しい文を話すことに苦労している。つまり意識的に文法について考えている。酒井（2002）も指摘しているように、不思議なことに母国語を話すときには、無意識に正しい文法で話している。われわれは、日本語の文法を自然に習得している。大脳に作られたメンタルモデルが小脳にコピーされ、無意識的な活動を営んでいる可能性は、十分に考えられる。小脳と無意識的思考の問題は、第4章で詳しく触れたい。

３ 小脳の進化

　霊長類は、当初4足歩行、樹上生活であり、前後肢の機能分化、指の把握能、体幹の直立姿勢維持、頭の回旋、視覚の優越、色彩弁別能が特徴であった。小脳の進化は、3期に分けられており、1期は、3500万年前の樹上生活の時代。2期は、2300万〜500万年前の小脳外側半球が発達した時代、3期は、200万〜13万年前の直立歩行したホモ・ハビリスからホモ・サピエンスの時代である、前頭前野の再編成による小脳歯状核の発達が見られるなどヒト科固有の小脳編成がなされた。特に、ホモ・サピエンスの時代は、前頭葉の巨大化と前頭葉−小脳回路の再編成が行われた（俣野2011）。

第1章 小脳とは

４ 小脳障害による諸症状

　小脳障害による代表的症状は、以下の7つがあげられる（岩田2013）。1）起立歩行障害があり、両側性病変の場合は、酩酊状態にある人の歩き方、一側性病変の場合は、病変側への平衡障害が生じる。2）構音障害は、音節間の円滑な連続性が失われる。抑揚とリズムに乏しい単調な話し方になり、断綴性発話、爆発性発語もみられる。その原因は、発話におけるフィードフォワードコントロールの障害である。3）四肢協調運動障害は、到達動作試験（指－鼻試験）で測定障害（測定過大）がみられる。到達動作における運動終了の制動力のタイミングを図ることに小脳が関与していることから、四肢協調運動障害は、多関節運動の空間的・時間的プログラミングの障害と考えられている。4）筋緊張低下がみられる。5）反復拮抗運動不能があり、交互変換運動のリズムの乱れが見られる。6）眼振（不随意な眼球運動障害）がみられる。7）表情が乏しくなる小脳性無表情がみられる。

５ 小脳の代表的な神経疾患

　小脳に生じる萎縮などの主な神経疾患は、以下の5つがある。1）多系統萎縮症（Multiple system atrophy: MSA）、2）皮質性小脳萎縮症（Cortical cerebellar atrophy: CCA）、3）孤発性脊髄小脳変性症（Spinocerebellar degeneration: SCD）、4）ポリグルタミン病、CAGリピート配列の異常伸張により生じる遺伝性脊髄小脳失調症（Spinocerebellar ataxia: SCA）があり、

SCA1, 2, 3, 6, 7, 17, 歯状核赤核淡蒼球ルイ体萎縮症（Dentate red nucleus globus pallidus louis body atrophy: DRPLA）などに分類されている。5) 常染色体劣性遺伝性小脳失調症（Autosomal recessive cerebellar ataxia: ARCA）があげられる（辻2013）。

6 小脳と高次脳機能

　小脳による運動の調節機能は、19世紀に判明していたが、言語や記憶などの高次脳機能に関与していることが報告されたのは、1990年代からである。SchmahmannとSherman（1998）は、20例の小脳損傷者（小脳の血管障害、小脳炎、小脳萎縮、小脳腫瘍）の高次脳機能を検査し、前頭葉機能障害（計画立案、セットの変換、語流暢性、抽象的推論、ワーキングメモリー）、視空間認知障害、記憶障害、言語障害（文法障害、発話障害）、人格変化を報告し、Cerebellar cognitive affective syndrome（CCAS）と命名し、小脳損傷による高次脳機能障害は、小脳と大脳との神経回路の障害に起因することを示唆している。高次脳機能研究は、局所性脳病変、変性疾患の患者を対象に高次脳機能検査を行う方法と脳疾患の既往のない被験者で課題遂行時の脳活動を見る脳機能画像［Functional magnetic resonance imaging（fMRI）］やPositron emission tomography（PET）による方法がある。局所性小脳病変患者での研究は、Gottwaldら（2004）が、小脳腫瘍などによる一側または両側小脳損傷者21例において、ワーキングメモリー、分配性注意の障害、語流暢性障害、抑制障害、近時記憶障害などを報告している。

また脊髄小脳変性症患者での高次脳機能障害研究によって、言語性記憶障害、語流暢性障害、ワーキングメモリーの障害、注意機能障害、抑制コントロール障害など多彩な高次脳機能障害が報告されている。さらに初期の脳機能画像研究において、Petersenら（1988）が、脳疾患の既往のない被験者に名詞を提示し、関連する動詞を想起する課題を遂行しているときの脳活動をPETで測定し、左前頭葉ブローカ野とともに右小脳の活動がみられたことを報告している。小脳が、いかなる形で言語、高次脳機能に貢献しているかは、脳機能画像研究の成果も含めて第3、4章で詳しく述べたい。次章では、ホモ・サピエンスが複雑な言語を獲得するに至った進化の過程についてみていきたい。

第1章　文献

Azevedo F. A. C., Carvalho L. R. B., Grinberg L. T, et al. Equal numbers of neuronal and nonneuronal cells make the human brain an isometrically scaled-up primate brain. *The Journal of Comparative Neurology*, 513: 532–541, 2009

Gottwald B, Wilde B, Mihajlovic Z, Mehdorn HM. Evidence for distinct cognitive deficits after focal cerebellar lesions. *Journal of Neurology, Neurosurgery and Psychiatry*, 75: 1524–1531, 2004

Ito M. Cerebellar circuitry as a neuronal machine. *Progress in Neurobiology*, 78: 272–303, 2006

岩田誠「小脳の症候学」辻省次編『小脳と運動失調』中山書店、

64－74，2013

川村光毅「小脳の構造」伊藤正男他編『小脳の神経学』医学書院，
　　1986

Leiner HC, Leiner AL, Dow RS. The human cerebro-cerebellar system: its
　　computing, cognitive, and language skills. *Behavioural Brain Research*,
　　44: 113–128, 1991

Mariën P & Borgatti R. Language and the cerebellum. *Handbook of Clinical
　　Neurology*, Ch. 11, Elsevier, 2018

俣野彰三「霊長類における小脳の進化」『生体の化学』62：268－
　　273，2011

三苫博「小脳症候の病態生理」『臨床神経学』49：401－406，2009

永雄総一「小脳による運動学習機構」『理学療法学』42：836－837，
　　2015

永雄総一「記憶痕跡は脳のどこにあるか」『分子精神医学』12：200
　　－206，2012

Petersen SE, Fox PT, Posner MI et al. Positron emission tomographic
　　studies of the cortical anatomy of single-word processing. *Nature*, 331:
　　585–589, 1988

酒井邦嘉『言語の脳科学』中央公論新社，2002

坂井建雄『標準解剖学』医学書院，2017

Schmahmann JD, Sherman JC. The cerebellar cognitive affective syndrome.
　　Brain, 121: 561–579, 1998

辻省次「脊髄小脳変性症の診断のアルゴリズム」辻省次編『小脳と
　　運動失調』中山書店，75－83，2013

第2章

人類の進化と言語の起源

1 進化とは

　19世紀半ばにダーウィンが、『種の起源』において進化論を唱え、進化論は生物学の基盤となった。ダーウィンの進化論は、二つの学説を提唱している。ひとつには、種が単一の系列に梯子のように固定されて位置づけられるのではなく、種が時間経過とともに枝分かれし、多様化するパターンを樹に譬える「生命の樹仮説」である。もうひとつは、自然選択説である。生物進化とは、生物の遺伝子構成が、世代を経て変化していくことを指し、祖先の世代が持っていた遺伝子構成が変化することを進化という。つまり一世代の中での変化は、進化とは呼ぶことができない。世代交代の際に進化が起こるのは、遺伝子が複製されるときに読み違いが起こり（突然変異）、その突然変異が生存と繁殖に有利であれば、その変異の持ち主は、多くの子孫を残すことになる（自然選択）。適応（生物もしくは生物の特徴が環境に適合している）を生じる原因となるのが自然選択である。自然選択が働くための条件は以下の3点があげられる（森元，田中2016）。

　1. 生物集団に変異がある。

2. 変異は適応度（生存率×繁殖率）に違いをもたらす。
3. 変異は遺伝する。

　自然選択の強さの度合いを表すのが、選択圧である。生物個体の生存率に差をもたらす自然環境の力を選択圧と言い、選択圧が高いとき（環境が生存に厳しいとき：環境条件、他種との競合、天敵による捕食など）に進化は加速される。

　よくみられる進化についての誤解は、以下の3点である。第1は、進化は「種の保存のために起こる」という誤解である。突然変異はランダムに起こり、進化というプロセスには、目的も計画もない。要は繁殖力の強い種が生き残り、それは偶然による。「適応」は、自然選択の結果であって目的ではない。言い換えれば進化の結果が、種の保存である。第2は、進化的適応が、完璧を作り出すという誤解である。完璧なものを目指して進化しているのではなく、進化には目的も計画もない。第3に、進化は進歩や発展という誤解である。進化は、改善や向上を意味しない。進化は、場あたり的、利那的な「有利さ」の積み重ねに過ぎない（長谷川2021）。

2 ヒトとチンパンジーの共通点と相違点

　人類進化の前にまず、地球誕生からヒトの出現までの概要を示そう。138億年前宇宙の誕生、46億年前に地球が誕生、38億年前生命誕生、3億年から6600万年前は、爬虫類の時代、2億年前に哺乳類誕生、6500万年前に最初期霊長類誕生、3400万年前に最古の高等霊長類が誕生。高等霊長類は手があり、樹上

生活を営んでいた。3000万年前にサルとチンパンジーの分化が起こり、700万年前共通祖先からチンパンジーとヒトが分化した。

　遺伝子解析ができるようになり、チンパンジーのゲノム配列はヒトと98.8％共通で違いは1.2％であることが判明した（松沢2011）。霊長類の分類は、ヒト、大型類人猿、小型類人猿、旧世界ザル、原猿であり、これらには物を握る手がある、目が顔の前、色覚があるという共通点がある。さらにヒト科4属は、ヒト科ヒト属、ヒト科チンパンジー属、ヒト科ゴリラ属、ヒト科オランウータン属に分けられており、いずれも尾がない（松沢2018）。次に言語を持っているヒトと言語を持たないチンパンジーの共通点と相違点を見てみよう。

1）ヒトとチンパンジーの共通点（松沢2018）

①利き手：ヒト科で利き手が決まっているのはヒトとチンパンジーだけである。ヒトは約9割が右利きだが、チンパンジーは、3分の2が右利きで3分の1は左利きである。

②集団生活：集団生活をしていること。しかし集団の大きさは、ヒトの方が核家族を単位として、より大きな集団を形成している。

③対人態度：サルでは難しい目を合わせるアイコンタクトや新生児微笑がヒトとチンパンジーでみられている。

④コミュニケーション：音声を使用したコミュニケーションを行う。

⑤同一行動：母子で同じ行動（一緒に食べる、同じものを食べる、同意して食べる）がみられる。

⑥模倣行動：模倣することで、他者の行動レパートリーを学び、自分の行動レパートリーを増やしている。しかしチンパンジーは無意味行為では、模倣はほとんど見られず、模倣できるためには訓練が必要だったことから、ヒトとチンパンジーの模倣能力には大きな違いがあると考えられている（明和2012）。道具を使用する他者の行動の模倣だけでなく延滞模倣がチンパンジーでも見られている。また猿真似とよく言われるが、サルは模倣しない。

⑦自己認識：チンパンジーは、鏡を見ながら歯に挟まったものをとることができるなどヒトと同様に自己認識が成立している。

⑧利他行動：ヒトと同様にチンパンジーは、道路を渡るとき子供を抱えた母親を手助けするなど仲間を助ける行動が見られる。

⑨欺き：チンパンジーにも、仲間をだまして食べ物をとる行動がみられる。

⑩道具使用：チンパンジーは、石（台座の石とハンマーの石）を使って油やしの堅い実を割り中身を食べる、棒を使ってアリを釣るなど道具の使用が可能である（松沢2011）。

2) ヒトにしか見られない特徴 (松沢2018)

①二足歩行：直立二足歩行の利点は、頭部の支持が可能となり脳の巨大化が可能となったこと、脳の重量はチンパンジーは出生時150グラム、成人400グラム、ヒトは出生時400グラム、成人1200〜1500グラムである。二足歩行により手が開放され、手で運搬可能となった。長距離移動の際のエネル

ギー効率が向上した。ヒトの歩行にかかるエネルギーは、チンパンジーの場合と比較して75％減少した（ダンバー2016）といわれている。直立歩行により、日光にさらされる面積が減少し、日射による熱が緩和され、大きな脳の発熱に対応した冷却効果が高まった。歩行における小脳の役割は、歩行は足を使った多関節運動であり、主働筋、協働筋、拮抗筋の協調運動によって実現されることから、歩行は多数の筋活動の時間・空間パターンを同時並列的かつ協調的に制御して円滑に遂行される。小脳は、歩行時における筋緊張の制御、肢運動の位相制御に関与し、それらを統合した肢間協調に中心的役割を果たし、さらに小脳皮質におけるシナプス可塑性を利用して外部環境の変化に対する適応性を得ている（柳原2007）。以上より、二足歩行が小脳の発達を促した可能性が考えられる。しかし、直立二足歩行には不利な点もあり、腰痛、胃下垂、痔、ヘルニアに罹患しやすい、膝への負担が大きい、首が細く弱い、転倒しやすい、骨盤の変化により、産道が狭く難産となったなどが挙げられている（濱田2007）（ダンバー2016）（奈良2016）（岩田2017）（河辺2019）。

②目の構造：ヒトのみに白目（強膜）があり、視線の方向が他者からわかるようになっている（Kobayashi & Kohshima 2001）、視線の方向はヒトの非言語的コミュニケーションにおいて大きな影響力を持っていると考えられる。

③出産頻度：出産頻度はヒトの方がチンパンジーよりも多い。チンパンジーは、5年に一度出産し10歳から40歳ぐらいまでに7、8頭の子供を産む、4歳ごろまで授乳、母親がひとりで出産、子育てをする。ヒトは、出産の周期が短く毎年でも

出産可能である。

④難産：ヒトは、チンパンジーと違って難産である。チンパンジーやサルの産道は、ヒトのねじれた産道と異なり、入り口から出口まで断面の形状は変わらない。チンパンジーの胎児は、母親と同じ方向を向いて産道から出てくる。チンパンジーの新生児の脳は、150グラムであり、ヒトの新生児の400グラム（頭の直径13～14cm）（Weaver et al. 2009）と比較すると40％以下である。産道から子供が出てくるとチンパンジーの母親は、手を伸ばして子供が産道から出てくるのを助け、乳首へ導く。いったん手が外に出ると赤ちゃんはしっかり母親につかまり、母親と一緒に行動ができる（Rosenberg & Trevethan 2001）（明和2019）。しかし、ヒトは直立二足歩行により骨盤が狭くなり、脳の巨大化の代償として難産に苦しむことになった。また狭い産道を通るため1年あまり早く未成熟な状態で出産しなければならない（生理的早産：ポルトマン1961）ため長期間の子育てが必要である。

⑤育児：チンパンジーと異なりヒトの子供は、母親に抱きつくことはできずに、大人が子供を抱いている。手を使用して、母親以外の家族による子守が可能になり、母親の負担が軽減され、授乳期間短縮により出産間隔短縮、多産が可能となった。ヒトは、次々に子供を産むことが可能であるが、ひとりでは育てられないので夫や祖母などの助力が必要であり、祖母として子育てを手伝うのはヒトのみに見られる現象である。チンパンジーの父親は、基本的には子育てに参加しない。しかしメスや子供に危害を加えようとするものがあれば、子供やメスを守る行動はみられる。チンパンジーの子供

は、母親にしがみついて生活を共にしている。生後4か月には四つ足で立てるようになる。一方、ヒトの子供は仰向けで安定していることにより、母親とのアイコンタクトが可能となり、声でコミュニケーションを行う。泣き声で母親を呼ぶ（夜泣き）のはヒトの子供だけである、仰向けの姿勢なので手が自由で、モノを扱うことができる。

⑥単婚：ヒトの女性は排卵を外部に示すシグナルを持たない。その理由は、男性のパートナーから常に援助を引き出すためである。男性はいつも配偶者を守っていないと女性は、別の男性の子供を産むことになる。チンパンジーには見られない単婚（一夫一婦制）が成立する。ヒトの人口増加は、多くの子供を産み、夫婦で協力して確実に育てる仕組みがあったからと考えられる。

⑦互恵的利他行動、役割分担：ヒトにはすぐに見返りを求めない互恵的利他行動、自己を犠牲にして他者のために尽くす自己犠牲の精神がある（松沢2011）。模倣や利他行動など他者の心の理解はチンパンジーにもあるが、ヒトにしか見られない特性として、役割分担（例：母親が子供にイチゴを食べさせているとヒトの子供は母親にもイチゴを食べさせる行動）がみられる。チンパンジーにも利他行動は見られるが、他者の複雑な心の理解は難しいといわれている。2頭のチンパンジーにジレンマゲーム（片方がレバーを押すと他方に餌が出る。お互いがレバーを押せば、2頭ともエサが手に入る）を行った。しかし結果は、片方が餌を独占し、片方は奉仕するのみになった。チンパンジーでは、ヒトのように互恵性が成立しない。チンパンジーの協力行動におけるコミュニケー

ションは、「要求する」「要求にこたえる」という形である。教育に関しても、チンパンジーの母親は子供に教えるときに、模範となる行動をして見せるだけで、子供はそれを見て学んでいく。一方、ヒトは「教える」、「手を添える」、「うなずく」、「微笑む」、「ほめる」などの教育行動がみられる。

⑧道具使用、言語：チンパンジーが道具の使用が可能であるとヒトとチンパンジーの共通点で挙げたが、行為の文法に関して、松沢（2011）が興味深い知見を述べている。「棒でアリを釣る」行為は、棒とアリが1対1対応なので、レベル1道具、台石に種を置いてハンマーで割るのは、ハンマーと種、台石が対応しているのでレベル2道具、さらに台石を固定するために楔石を使用する場合は、ハンマーと種、台石、楔石が対応しているのでレベル3道具とする。チンパンジーでは、レベル1道具は2歳前後、レベル2道具は4〜5歳、レベル3道具は6歳半にならないと獲得されない。さらにシンボルの使用に関しては、チンパンジーが言葉を覚えたという報告がみられたが、ほとんどがレベル1の1対1対応であり、松沢の研究でも5本の赤い鉛筆のようなレベル3が限界であり、これを超える道具使用、シンボル使用はないといわれている。人間は、レベル4以上の複雑な階層構造を理解・表現でき、新しいものを生み出す生産性がみられる。その理由として、再帰的な構造を持つ認識（言語を記述する言語）がヒトに固有であり、チンパンジーには見られないこと、さらにチンパンジーは形容詞を習得できなかったと報告されている。幼児とチンパンジーの言語学習の違いは、どのようなものだろうか。20世紀半ばヘイズ夫妻がチンパンジー

（ヴィッキー）に言葉を教えた結果、3年間で言えるように
なった単語は4つだった。チンパンジー（ワシュー）に手話
を教えたガードナー夫妻は、51か月で132の手話単語を覚
えさせた。一方、ヒトは、2歳で200語（針生2019）、3歳で
1000語（川上2016）の語彙を習得している。さらにチンパ
ンジーでは単語か多くても単語2語の連結だったのが、ヒト
では28か月で4語以上の連結がみられている（針生2019）。
松沢（2018）は、急性脊髄炎になって首から下がマヒしたオ
スのチンパンジー、レオが寝たきりになっても絶望せず、め
げた様子が全くないことから、チンパンジーと違って、ヒト
は「想像する」ことができるから、病気になって希望を失う
と述べている。チンパンジーは、「今・ここ」の世界を生き
ている、しかしヒトは、言語を持っているから過去、未来に
も思いをはせることができる。

⑨直観像記憶：以上述べてきたヒトとチンパンジーの違いは、
　すべてヒトが優位であったが、チンパンジーの方が優位な能
　力が報告されている。1から9までの数字がコンピューター
　スクリーン上にランダムに表示され、最初の1に触れると2
　から9は見えなくなってしまう、2から9までの数字の位置
　をヒトは記憶できないが、チンパンジーはほぼ正確に記憶で
　きる。チンパンジーの優れた直観像記憶は、言語を獲得した
　ヒトでは失われていることからトレードオフ仮説と呼ばれて
　いる（松沢2011）。

　以上、チンパンジーとヒトの共通点と相違点を見てきたが、
共通点は、アイコンタクトや新生児微笑などの対人態度がある

こと、原初的な音声によるコミュニケーション、道具使用、利他行動、欺きがみられることである。これらの共通点は、動物の本能的なものだけではない。ヒト特有の性質は、チンパンジーのこころの萌芽が、ヒトで高度に発展したと考えられる。

類人猿のコミュニケーションに関して、トマセロ（2006）は、音声よりも身振り、他者の注意に敏感に反応することに関しては、人間のコミュニケーションの進化の基礎を持っていると考えている。しかし、道具や言語の使用に関しては、チンパンジーと比較して、ヒトでは飛躍的に高度化している。チンパンジーでは成立しなかった互恵性、協力性、単婚があり、出産、育児の仕方も異なっている。特にチンパンジーの対他関係が「要求する」に限定されたのに対して、ヒトでは「要求する」だけでなく「知らせる」、「共有する」という互恵性に基づいたコミュニケーションがみられることである。またヒトには白目があったことから相手の視線の方向がわかる点も非言語性コミュニケーションの上で大きな役割を果たしていると考えられる。ヒトとヒト以外の霊長類の違いに関して、トマセロ（2006）は、以下の5点を挙げている。ヒト以外の霊長類は、1）他者のために外界の物体を指でさしたり、ジェスチャーで示したりしない。2）物体を持ち上げて他者に見せてやることはない。3）他者をどこかの場所に連れて行って、そこにあるものを観察するよう仕向けたりしない。4）物体を手に持って差し出すことで、他者に積極的に提供するという行為はしない。5）他者に新しい行動を意図的に教えることはしない。ヒトは、相手に要求するだけでなく、「知らせる」、「共有する」というヒト特有のコミュニケーションの基本動機（共有志向

性）を持っている（トマセロ2013）。その根底には、ヒトは二足歩行による骨盤の変化によって難産となり、他者の介助が必要であること、ヒトの子供は生理的早産で未熟な状態で生まれることから育児に父親やコミュニティの協力が必要なこと、さらにヒトは一夫一婦制であることから、夫婦の人間関係を維持することが必要になることなど、母親が一人で子供を産んで育てるチンパンジーとは異なり、協力性、他者の意思の洞察、互恵性など協力的な動機が必要不可欠であったと考えられる。ヒトのコミュニケーションは、根本的にはチンパンジーの延長線上にあると考えられるが、ヒトが言語を持った背景には、親子、家族、コミュニティにおける協力体制のためにコミュニケーションの高度化の必要性があったからと考えられる。

③ 人類の進化

　人類の進化に関しては、今世紀になってからも新発見が多数あり、遺伝子研究も盛んに行われ、人類の進化は書き換えられている。本書の記述は、2023年末時点の資料から記述されている。まず、初期猿人からネアンデルタール人、そしてホモ・サピエンスに至る進化の概略をたどってみたい。

　チンパンジーから分化した最初の人類が、初期猿人である。現在では、初期猿人は以下の4種（サヘラントロプス・チャデンシス700万〜600万年前、オロリン・トゥゲネンシス600万年前、アルディピテクス・カダバ580万〜550万年前、アルディピテクス・ラミダス440万年前）に分類されており、複数の猿人が同時期にアフリカで生息していたと考えられる。これ

らの初期猿人の共通特徴は、地上では直立二足歩行、樹上生活、オスの犬歯の縮小である。初期猿人の後に出現したのが、420万〜370万年前に生存した猿人アウストラロピテクス・アナメンシス（脳容積385〜550ml）でチンパンジー（脳容積400ml）と脳の大きさは大差ないが、チンパンジーと異なり、アウストラロピテクスでは地上生活で二足歩行、犬歯の縮小、骨盤の変化というヒトの特徴がみられていた（諏訪2006）（河辺2019）（篠田2022）。

　アウストラロピテクスは、時代による変遷がみられ、（アウストラロピテクス・アナメンシス420万〜370万年前、アウストラロピテクス・アファレンシス370万〜300万年前、アウストラロピテクス・ガルヒ250万年前）に分類されている（河辺2019）（篠田2022）。

　アウストラロピテクス・アファレンシスの直立二足歩行に関しては、タンザニアのラトエリで370万年前の足跡の化石が発見されており、この足跡の分析により、足の拇指（親指）がほかの指より大きく、まっすぐに前方を向いている、つまり五本の指が平行に並んでおり、現代人と共通した特徴を持っている。さらに二足歩行では、全体重が交互に左右の足にかかることから、足の拇指に力がかかることになる。一方、類人猿では、足の拇指が比較的細く長く手の拇指のように内側を向いている。この化石は、370万年前猿人アウストラロピテクス・アファレンシスが二足歩行をしていたことを立証している（篠田2022）。この足跡の化石は、成人男女と子供の3人の足跡であり、家族という推測も可能だが、3人が異なる時間に歩いたという推測も可能であり、いずれも推測の域を出ない（三井

2005）。

　猿人アウストラロピテクスのあとに現れたのが、ホモ属であり、飛躍的な脳容量の増大がみられている（篠田2022）。まず、240万年前から160万年前に生存したホモ・ハビリスとホモ・ルドルフェンシスは、石器を使用していたと推定されているが、ホモ・ハビリスと推定された標本の脳容積は、500 mlから750 mlまで違いがあり、統一的な見解は出ていない（河辺2019）。

　200万年前から20万年前の180万年間という長期間生息したのが、ホモ・エレクトスである。脳容積は、550〜1250 mlと脳が巨大化している（篠田2022）。ホモ・エレクトスは、繊細な細工の施された石器を製作した。ホモ・エレクトスは、アフリカを出て中近東、アジア、ヨーロッパに拡散し、ジャワ原人、北京原人として発見されている（篠田2022）。ホモ属は、時代と共に脳の巨大化がみられているが、縮小化もみられ、成人の脳容量460〜610 ml、身長146 cm、体重39〜55 kgの小型のホモ・ナレディが30万年前に生息したことも近年報告されている（河辺2019）（篠田2022）。

　その後現れたホモ・ハイデルベルゲンシスが、30万年前から4万年前に生息したホモ・ネアンデルタレンシス（ネアンデルタール人）と現在まで続くホモ・サピエンスに進化したというのが定説であった。しかしアルタイ山脈、ロシア、中国、モンゴル国境付近で、4.1万年前の人骨が発見され、遺伝子（DNA）解析の結果、ネアンデルタール人ともホモ・サピエンスとも異なる新系統の人類がいたことが2010年に発見され、デニソワ人と命名された（河辺2019）（篠田2022）。DNA

解析の結果よりネアンデルタール人、デニソワ人とホモ・サピエンスが分岐したのが64万年前、ネアンデルタール人とデニソワ人が分岐したのが43万年前、さらに40万〜10万年前のある時期にアフリカでホモ・サピエンスとネアンデルタール人が交雑したと考えられている。予想されていたよりかなり古い時代から、ホモ・サピエンスはネアンデルタール人やデニソワ人との交雑があったこと、中東では、6万〜5万年前、ルーマニアでは4万年前にホモ・サピエンスとネアンデルタール人の交雑があったことが報告されており、長期間、広範囲にわたって交雑があったと考えられている（篠田2022）。

　ネアンデルタール人の脳量は、ばらつきがあるが、現在わかっている最大のネアンデルタール人の脳容量は、1750 mlである（ミズン2006）。脳の高さが低く、前後に長いという特徴があげられている（埴原2004）（ダンバー2016）（篠田2022）。おもにヨーロッパに住み、寒冷地に適応でき、強靭な体格で大型動物の狩猟を行っていた。防寒のため衣服を身に着け、小集団（家族単位）で生活していた。発掘された骨（舌骨）から音声の発声が可能な口腔構造を持っていたが、狩猟技術の進歩がみられなかったことから情報伝達は限られており、複雑な言語を持つことはなかったと推測されている（岩田2017）（山極, 小原2019）。

　20世紀後半、イラクのシャニダール洞窟での調査により、右腕の不自由な人骨が発見されたことから、ネアンデルタール人が弱者の保護をしていたことがわかっている。さらにシャニダール洞窟での発見は、人骨に花粉がついていたことから手厚い埋葬が行われており、死の認識（原始宗教）を持っていたと

いわれていた。しかし、その後の研究で、同様の骨に花粉がついている埋葬の形跡が、ほかの遺跡で発見されていないことが判明し、また花は動物が運んだ可能性が考えられている。ネアンデルタール人は、墓に副葬品がないことから死後の世界を想像する宗教の概念を持っていなかったと考えられている。しかし、簡素ではあるが埋葬を行っていたことは明らかになっている（サイクス2022）。

　アフリカで生まれて、地球上のあらゆる地域に生息している現生人類ホモ・サピエンスは、脳容量は1450〜1490ml（河辺2019）（篠田2022）、1350ml（1200〜1700ml）（ミズン2006）と諸説ある。前後に短く上下に高い脳を持ち、前頭葉が発達しているといわれてきた（埴原2004）（ダンバー2016）。ホモ・サピエンスに至って、脳容積はアウストラロピテクスの3倍まで拡大している。ホモ・サピエンスは、ネアンデルタール人と異なり体格は華奢で、大集団で生活（社会の形成）し、助け合いとともに、仲間同士の争いもみられたといわれている。石器や投げ槍など狩猟技術の革新があり、壁画、墓に副葬品がみられたことから原始宗教、複雑な言語を持っていたと考えられている。

４ ネアンデルタール人の絶滅とホモ・サピエンスの繁栄

　なぜネアンデルタール人は絶滅し、ホモ・サピエンスに交代したかという疑問には、ホモ・サピエンスによって持ち込まれた感染症（疾病説）、環境変動に対する適応度の違い（環境仮

説）、技術・社会システムの優劣（生存戦略説）、狩猟戦略の違い（生業仮説）、言語機能の有無（神経仮説）、あるいは両者の混血を想定する（混血説）（赤澤2010）があった。ヨーロッパ大陸におけるネアンデルタール人とクロマニョン人（ヨーロッパに住んでいたホモ・サピエンス）の適応行動を詳しく調査した van Andel ら（2003）が、7万年前から2万年前のヨーロッパにおける両者の勢力地図と使用していた道具から、両者の適応行動を比較・検討している。道具の面では、20万年前から4万年前のネアンデルタール人の使用した石器と4万年前からクロマニョン人の使用した石器を比較すると、ネアンデルタール人の石器は、長期間にわたって変化に乏しく、ヨーロッパにおいて地域差が見られなかった。一方、クロマニョン人の道具は、石器だけでなく、骨、角、象牙など多彩な材料からなり、加工の高度化がなされた。さらにヨーロッパ、中東、西アジアにおいて7万年前から4万8000年前は、ネアンデルタール人の遺跡が多かったが、4万7000年前から3万8000年前は、クロマニョン人がネアンデルタール人の遺跡群の中に入り込んでおり、混血も発生した。2万9000年前から2万2000年前は、クロマニョン人がヨーロッパ、中東、アジアに数多くの遺跡を残している。結論として、ネアンデルタール人とクロマニョン人の使用する道具の違い、道具の変化の違いから技術格差が考えられ、両者の学習能力差が、クロマニョン人の生存を有利に導き、ネアンデルタール人の絶滅に至らしめたと考えられている。

　さらにネアンデルタール人の絶滅には、急激な気候変動が関与していたことも要因としてしばしば指摘されているが、ネアンデルタール人が生存していた時代は、何度も氷河期があり、

それを乗り越えて生存していたことから、気候変動が理由とは考えられない。他に絶滅の重要な要因として、ネアンデルタール人は、体格がホモ・サピエンスよりも大きく、より多くの食料を必要としたといわれているが、狩猟技術はホモ・サピエンスより劣っていた。フランス南西部ドルドーニュ県は、ネアンデルタール人の居住地であったが5万年前からホモ・サピエンスが侵入し、ネアンデルタール人が残していった遺跡が多数発見されている場所である。Mellars & Franch（2011）は、その地域の石器密度、骨の化石から計算された肉の重量の密度、居住面積に関して、ネアンデルタール人とホモ・サピエンスを比較し、ホモ・サピエンスが石器の密度1.8倍、肉の重量の密度2倍、居住面積2.5倍と算定し、ホモ・サピエンスの人口増加の速度が、ネアンデルタール人の1.8倍、ホモ・サピエンスの人口は、1.5万年で9〜10倍に増大したと推定している。この報告から、ホモ・サピエンスはネアンデルタール人を上回る繁殖率と生存率を持っていたといえる。

　気候変動と食料獲得競争という二つの要因がネアンデルタール人の絶滅を導いたとする説がある（シップマン2015）。しかし、遺伝子解析が進み、新事実が次々発見されている。ホモ・サピエンスは、多地域進化説とアフリカ起源説があり、遺伝子解析の結果よりアフリカ起源説が有力となっている。ホモ・サピエンスはアフリカで発生し、ネアンデルタール人、デニソワ人との交配の結果、4万年前にホモ・サピエンスが生き残り、認知能力、社会の複雑さ、繁殖力の面で圧倒的優勢となったというのが定説であり、さらに遺伝子解析により、小集団のネアンデルタール人とホモ・サピエンスの大集団の混血が進み、遺

伝子プールが飲み込まれたことで、ネアンデルタール人が絶滅したという説が現在では有力である（Wong 2015）。30万年前から10万年前までアフリカでは、様々なホモ・サピエンスの化石が発見されており、最終的に現代人と同じホモ・サピエンスが完成するのがおよそ10万年前と考えられている（篠田2022）。アフリカ以外の現代人ではネアンデルタール人の遺伝子を2〜5パーセント持っていることがわかっている（篠田2016）。

　以上たどってきたように700万年前に登場したアウストラロピテクスの脳容積は、チンパンジー、オランウータン、ゴリラとほぼ同等で50万年の間変わらなかったが、200万〜20万年前のホモ・エレクトス（550〜1250 ml）、さらに30万〜4万年前のネアンデルタール人で飛躍的な脳の拡大（1200〜1700 ml）がみられた。20万年前〜現在にいたるホモ・サピエンスの脳容積は、ネアンデルタール人とほぼ同等（1450 ml）である。脳容積は、一定の増加率で指数関数的に増大した（諏訪2006）（河辺2019）が、ネアンデルタール人で脳の巨大化は限界に達している。

５ 脳の巨大化

1) 生体説

　脳の巨大化はなぜ起こったのか、脳拡大の原因に関しては諸説あるが、生活の基礎である「食物の獲得」が、脳の進化に重要であったとする生体説と、集団で暮らすことが脳の進化に大きく影響したとする社会説がある（濱田2007）。まず生体説の

ひとつは、ヒトが広い範囲で狩猟活動を行っていたことから、効率よく食物を得るためのメンタルマップ（認知地図）を使用するため、また狩猟戦略を考案するために記憶や知能などの認知能力が必要となり、脳が巨大化したという説がある。

　さらにもうひとつの生体説は、道具の使用である。現代に残っている当時の道具の代表的なものは石器である。石器の製作は、300万〜200万年前から行われたといわれている（河辺2019）。石器時代の区分は、前期（300万〜30万年前）、中期（30万〜3万年前）、後期（3万5000年前〜1万年前）の3期に分けられ、前期は、アウストラロピテクス、ホモ・ハビリス、ホモ・エレクトス、中期は、ホモ・ハイデルベルゲンシスとネアンデルタール人、後期は、ホモ・サピエンスにほぼ相当する。もっとも古いオルドワン石器（図5）は、叩く、割るなどの簡単な行為の手助けをする手の機能の「単純な延長」であるが、「知性の進化」への鍵を握る重要な意味があった。ひとつには、事象の範疇化、つまりただの石が加工によって石器という道具になるということ。さらに「ある目的を達成するために必要な道具」というイメージができると、道具の使用目的が想起されるようになる。つまりシンボル操作が可能になるということである（入來2004）。160万年前に現れるのが、ホモ・エレクトスが作成した加工度の高いアシューリアン石器（図6）である。アシューリアン石器は、オルドワン石器と異なり、数種類の型ができており、完成形がイメージされていた。ホモ・エレクトスは、簡単な身振り言語を持っており、石器製作の共通の目的を達成するための意思伝達がなされていたと考えられ、学習・伝承・伝搬という文化が芽生えていた（入來2001, 2004）。

中期旧石器時代は、ネアンデルタール人のムスティエ文化時代（4万1000年〜3万9000年前）の石器が発掘されており、ムステリアン石器（図7）は、槍として大型獣の狩猟に使用されていた（河辺2019）。この時代の石器の特徴は、①道具に多様性があり、用途に合った石器を製作した。②剥片石器が主体となった。③様々な大きさの石器が作られた、であり、高い知能を備えていた可能性が推測されている（入來2001）（河辺2019）。

　シャトルペロニアン石器（図8）は、ホモ・サピエンスかネアンデルタール人が使用したかで議論があったが、近年、ネアンデルタール人が、ホモ・サピエンスとの交雑の中で作成したことが判明した（篠田2022）。ネアンデルタール人の石器は、段階的な制作手法が使用されており、行為の順序や構造などから、音声言語を使用していたと推測されている（入來2004）（サイクス2022）。

　ホモ・サピエンスが生息した後期旧石器時代になり、石刃技法が確立され、石器の両側辺に鋭利な刃が備わっている。さら

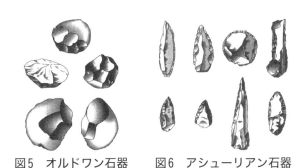

図5　オルドワン石器　　図6　アシューリアン石器

第2章　人類の進化と言語の起源

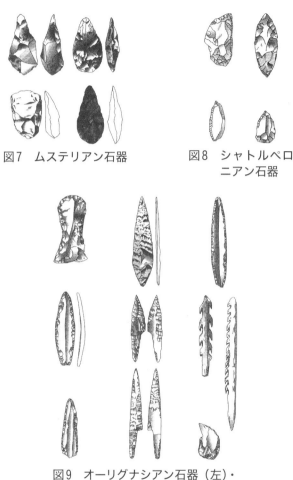

図7　ムステリアン石器

図8　シャトルペロニアン石器

図9　オーリグナシアン石器（左）・
　　　ソルトリアン石器（中央）・
　　　マグデレニアン石器（右）

図5〜9：波多野誼余夫、入來篤史、齋木潤他『コミュニケーションと思考』
乾敏郎, 安西祐一郎（編）, 認知科学の新展開2, p.5, p.7, 岩波書店, 2001

に石器を作成する工具も開発され、錐、縫い針、釣り針などが作成された。また石だけでなく骨や角を材料にした道具も作られている（河辺2019）。ホモ・サピエンスの石器（オーリグナシアン石器、ソルトリアン石器、マグデレニアン石器）（図9）は、多様性がみられただけでなく、装飾や祭儀に使用されるものもあり、象徴性や芸術性がみられるようになった。つまり現実から切り離された象徴性を手にしたと考えられ、おそらく複雑な言語によって成し遂げられたと推測されている（入來2001，2004）。

　ヒトは、道具を使用し、さらに作成することにより、手からの刺激が脳の巨大化の誘因になったと考えられている。ホモ・サピエンスの頭頂葉の拡大は、道具使用、作成における視覚、触覚の感覚連合、さらに概念表象にとつながったと考えられている（入來2004）。

　50万年前から火が使用されるようになり、生肉を加熱調理できるようになったことが、脳の巨大化に影響しているという説がある。加熱調理は、咀嚼時間の短縮を可能にし、栄養を効率的に取ることができるようになった（Carmody et al. 2011）（Fonseca-Azevedo & Herculano-Houzel 2012）。

2) 社会説（社会脳仮説）

　脳の巨大化に関する社会説に関しては、ダンバーの社会脳仮説が代表的である。チンパンジーなどの類人猿だけでなく、多くの動物は群れをつくって生活している。群れることのメリットは、グループ警戒仮説（捕食者から身を守る）、採食効率向上、繁殖相手を見つける、イノベーションとアイデアの共有が

あり、デメリットとしては、感染リスク、食物をめぐる争い、共同生活のストレスが挙げられている（松本，小田2021）。ヒトも集団生活のメリットを享受するため、群れをつくっており、そのグループサイズは進化とともに大きくなっている。ダンバーの社会脳仮説は、新皮質（特に前頭葉）の巨大化の原因は、集団グループサイズの拡大という社会的要因が大きく影響しており、類人猿で集団グループサイズと新皮質の大きさに相関があることがその根拠として挙げられている（Dunbar 1998）（ダンバー2016）。

　ダンバーの社会脳モデルの背景には時間収支モデルがあり、日々の任務として食べ物探し、摂食、移動、休息、社交が挙げられており、いずれも欠くことのできない要素である。特に食べ物探しと摂食は、全消費熱量中の脳の消費熱量が、チンパンジーは、10％未満であるのに対してヒトは25％あり、大きな脳に対応するため多大な時間が必要になる。

　しかし食事時間の割合がチンパンジー37.0％であるのに対してホモ・サピエンスは、4.7％となっている（岩田2017）。ヒトは、肉食によって栄養を賄い、加熱調理を行うことで咀嚼時間の短縮を達成している（ダンバー2016）。さらに社交に関しては、共同生活のストレスを解消するために類人猿では、毛づくろいを行っている。ヒトにおいても社会的絆を作るためにユーモア（笑い）、音楽（歌）によるストレス解消が生まれ、1対1の毛づくろいよりも、複数の対象を同時に作用することができることから時間の節約になったと推測されている（ダンバー2016）。

　ダンバーの社会脳仮説では、自然な共同体の規模は、150人

の集団とされており、新石器時代の村落の規模、18世紀イギリスの村落、ゴアテックス社の工場ユニットの規模、クリスマスカードの送付先数などが150人程度となっている。このサイズのグループでの集団生活では、他者の心を理解する能力（メンタライジング）が必要となる。メンタライジングに関しては、前頭前野との関連が考えられている（Powell et al. 2010）、さらに前頭前野は、衝動抑制や報酬の先延ばしに関係していることから、集団生活には必要不可欠な社会的機能を営んでいるといえる。大規模な集団で狩猟を行い、食事をし、社交も行っていたヒトが、コミュニケーションの道具として言語を使用し、それが脳の巨大化と共に言語が複雑化していったと想像できる。

　さらに Dumbar（2009）は、単婚種は脳が大きい傾向（特に前頭葉）を指摘し、社会脳仮説に関連して単婚（一夫一婦制）が脳の巨大化を促進したと考えている。一夫一婦制の必要とする認知スキル ── 特に相手との関係を維持するメンタライジング能力 ── もまた脳の巨大化の要因という推測である。

　Lovejoy（1981）は、初期猿人のアルディピテクス・ラミダス（440万年前）の時代から一夫一婦制が成立していたと考えており、その根拠として、二足歩行、食物運搬、メスの排卵を示すシグナルが消失、犬歯が小さい、体格の性差が小さいという理由をあげている。しかし Lovejoy の単婚起源説を疑問視する研究者も多く、乱交形態から一夫多妻へ移行し、その後、複数のパートナーを他の雄から保護する困難から一夫一婦制に移行したという説が一般的であり（Chapais 2013）、ホモ・エレクトスの時代（200万〜20万年前）から一夫一婦制が定着したと

いわれている（Edger 2014）。

　一夫一婦制への移行には三つの仮説がある。1.「女性のまばらな分布説」は、女性が広い地域に分散しており、繁殖のための女性を見つけることが容易でないことから、つがいになることが繁殖に有利という説である。Lucas（2013）は、女性がたんぱく質の豊富な見つかりにくい食材を要求する種で一夫一婦制が多いことを報告している。2.「子殺し回避説」は、他の雄を父親に持つ子供を殺して、母親の排卵を誘発し、自分の子供をもうけることを回避するために一夫一婦制になったという説である。つまり子殺しを防ぐために自分と子供を守る男性が常に一緒であることの必要性から単婚が応じたという説（Opie et al. 2013）である。3.「父親による子の世話説」、父親が子供の世話をすることで母親の負担が減り、繁殖力の増加につながったという説（ダンバー2016）がある。またヒトは母親以外が子育てをする唯一のヒト科動物であり、自分の子供を他人に抱かせるのはヒトだけといわれている（Burkart et al. 2009）（Isler et al. 2014）。

3) 言語の起源

　言語の起源は、「身振りか」、「音声か」という議論があるが、トマセロは身振り起源説を唱えている。しかし、この二者は対立するものではなく、身体部位を使用して言語表象を伝えるという点で、音声も身振りの一環（正高2011）というとらえ方も可能であり、Imai & Kita（2014）は、音声記号としての言語は、人類の祖先がモノや動作を口で模倣したことから始まったと推察している。

ダンバー（2016）はゴシップ説（言語は人間関係に関する情報をやり取りするためにある）を唱えており、言語は、社会的関係を結んで補強するために情報をやり取りするよう進化し、各人は広域にわたる大規模ネットワーク内の他のメンバーに関する情報を得ることができる。ヒトには、コミュニケーションの必要性とは別に噂話をしたい欲求があり、事実ヒトの話の大部分は、噂話である。つまり、直接の観察では得られない時間空間を隔てた情報をやり取りしている。さらに言語の利点として社会的つながり（毛づくろい）を複数の個体に同時に行うことができる。共同体を形成するにあたり、言語を使用して1）共通の世界像を作る。2）自分についての物語を聞かせる。3）冗談を言って笑わせる、が挙げられている（ダンバー2016）。

　ディーコンは、社会生活における生殖を規制する契約として言語が発達したという社会契約説を提唱している。つまり排他的性関係の維持のために言語は、形式的な取り決めと公的宣言のためにあるという発想である（ディーコン1999）。さらにミラーは、言語は、求愛相手に自分を売り込む性淘汰として進化し、つがいになった後も男女が熱意と興味を維持するためのメカニズムであると考え、言語は、求愛相手に自分を売り込む性淘汰として進化し、求愛行動説を唱えている（ミラー2002）。これらの説は、いずれもヒトと言語の関係についての真実を含んではいると思われるが、これらの三つの説のどれにも、言語の音韻・意味・文法の成立を根拠づける理論は見当たらない。

　道具の加工技術、ラスコーやショーベの洞窟壁画、装飾品、墓に副葬品など芸術や宗教を生み出したホモ・サピエンスは、複雑な言語を持つことで情報伝達や教育が可能になったと言わ

れている。ホモ・サピエンスになって多数の語彙と共にそれを組み合わせて時制などの文法体系、音韻体系ができることで文産生能力がえられ、複雑なコミュニケーションが可能になったと考えられている。ホモ・サピエンスは、語、文法、時制を使用した指示的コミュニケーションを行えたことから、教育（技術）、犬の家畜化（狩りの効率化）（シップマン2015）が可能であった（岩田2017）。さらに言語により効率的にエピソード記憶が蓄積できるようになったと考えられる。一方、ネアンデルタール人は、その場のみの操作的コミュニケーションしか使用できず、情報を維持したり操作したりすることが難しかったという説が現在では定着している（ミズン2006）。

6 ネアンデルタール人とホモ・サピエンスの小脳の違い

複雑な言語を持ったことが、ホモ・サピエンスがネアンデルタール人を凌駕した第一の原因と考えられる。**両者の違いを生んだのは脳の違いであり、脳全体の制御を行い、知性の座と考えられている前頭葉の体積と形態の違いが原因といわれてきた。**しかし近年ネアンデルタール人とホモ・サピエンスの頭蓋骨化石の解析により、**全脳および前頭葉の体積に有意差は見られなかったこと**（Kochiyama et al. 2018）、**ネアンデルタール人の小脳がホモ・サピエンスよりも小さい**ことが明らかになっている（Kochiyama et al. 2018）（Neubauer et al. 2018）（Gunz et al. 2019）。さらに**ネアンデルタール人では、右小脳が左小脳よりも小さい**という重要な発見が報告されている（Kochiyama et al.

2018)。またネアンデルタール人とホモ・サピエンスの大脳の比較で、頭頂葉、小脳後部および虫部は、ホモ・サピエンスが有意に大きく全体に丸みがある、後頭葉はネアンデルタール人が、有意に大きく全体に縦長である。Gunz ら（2019）は、ホモ・サピエンスの小脳の拡大だけでなく、大脳全体の球形変化に注目しており、ホモ・サピエンスとネアンデルタール人の脳の差異が小脳に限定されることには疑問を呈している。しかし、小脳がヒトの言語などの高次脳機能に果たす重要性は、十分に認識されているとは言い難い。小脳と言語の関係は、本書で様々な視点から論じたい。

　絶滅したネアンデルタール人とホモ・サピエンスの違いは、脳に原因があると考えられるが、全脳、前頭葉の体積に有意差は見られていないことから、ホモ・サピエンスの小脳が大きいという違いに起因する可能性が考えられる。ネアンデルタール人の右小脳が左小脳よりも小さいことが、どのように言語に影響を与えるかについては、第5章で言及したい。

　さらにホモ・サピエンスの繁栄の一因として出産と小脳の問題を取りあげたい。2023年現在、世界の人口は80億人であり、個体数（人口）が増え続けている生物は、ヒトだけである（星 2001）。ホモ・サピエンスの繁栄には、他のどの生物にも勝る繁殖率と生存率があったと考えられる。ホモ・サピエンスの人口増加の隠れた原因として出産を挙げたい。

　ホモ・サピエンスの人口増加の大きな要因が、出産頻度の高さと考えられる。チンパンジーは、5年に一度母親が一人で出産、4歳まで授乳し子育てをする。一方、ヒトは毎年子供を生むことが可能である。しかし、ヒトの子供は未熟な状態で生ま

第2章　人類の進化と言語の起源

れるため、子育てに多大な労力と時間が必要である。

　ヒトの出産は、他のどの動物よりも難産である。チンパンジーやサルと異なり、ヒトは、産道の断面の形状が入り口から出口にかけて一定ではなく、楕円形の産道は、途中で回転している。そのためヒトの胎児は、大きい頭と肩が常に産道の最大径に一致するように身体を旋回させながらぎりぎりの産道内を移動しなければならない。さらにヒトの胎児は、母親とは反対の向きで産道から出てくるために、母親の手で胎児を引き出すことができない。アウストラロピテクスの時代からヒトは出産に他者の介助が必要な唯一の霊長類である（Rosenberg & Trevethan 2001）。ヒトの出産が難産であったことから、妊婦は、出産の介助だけでなく、不安や恐怖をやわらげてくれる仲間の協力を求める心理を持ち続けてきたと考えられる。

　二足歩行を開始してから、250万年を経て脳容積は2倍になり、急激に脳容積が増加するのは、ホモ・ハビリスからホモ・エレクトスにいたる期間であることから二足歩行のみが脳の巨大化の要因でないという説（埴原2004）（大隅2017）もあるように出産における骨盤の大きさが、脳の巨大化を阻む大きな要因になったと考えられる。長い時間の進化によって骨盤が変化し、産道が広くなって脳が巨大化できたと考えられている（Rosenberg & Trevethan 2001）。

　ネアンデルタール人女性の骨盤の化石から、出産について現代のホモ・サピエンスと比較検討が行われた。ネアンデルタール人の産道の出口は、横長であるのに対して、ホモ・サピエンスは縦長であること、産道の直径がネアンデルタール人は、139〜141 mm、一方、ホモ・サピエンス134〜146 mmであるこ

とが明らかになっている（Weaver et al. 2009）。出産時の胎児の頭の大きさは、ネアンデルタール人とホモ・サピエンスでほぼ同等（400グラム前後）であることから、ネアンデルタール人と現代人の難産のレベルは、ほぼ同等と考えられている（De León et al. 2008）（DeSilva et al. 2008）。つまり、出産における胎児の頭の大きさは、ネアンデルタール人でほぼ限界に達しているといえる。**それゆえホモ・サピエンスは、出産が可能な限界レベルに胎児の頭の大きさを制限しながら、出産に影響のない小脳の巨大化により、高度な言語を持つ脳に進化した可能性が推測できる。**

　子育てに関しては、ヒトの子供は極めて未熟な状態で生まれ、長期間にわたる子育てが必要である。単婚（一夫一婦制）や家族やコミュニティの形成がなされ、母親だけでなく、夫、祖父母、コミュニティで協力して子供を育てるしくみが人口増加を導いたと考えられる。子供が短い間隔で生まれるヒトの子育てが人間集団の形成の核となった（山極，小原2019）と考えられている。つまりホモ・サピエンスの出産と子育ての形態が、集団の協力性や社会形成およびコミュニケーションに大きな影響を与えているといえる。さらに医療・保健・衛生の進歩により、出生時死亡率、幼児期死亡率が時代とともに減少していることも人口増加に貢献している。もともと助け合うこころ、共感力を持っていた人類が、複雑な言語を持ったことで家族が愛情によって強い絆を持ったこと、家族、コミュニティでのコミュニケーションが可能になり、互恵性により生活力が高まったことがホモ・サピエンスの繁栄を促したと考えられる。第3章では、子供の言語獲得の過程、さらに言語発達における

小脳の役割について、また失語症が生じるメカニズムを考え、言語運用に必要な脳内情報処理、さらに言語の情報処理における小脳が果たす機能を脳機能画像研究などからみてみたい。

第2章　文献

赤澤威「人類史の分かれ目」『文化人類学』74：517 － 540，2010

Burkart JM, Hrdy SB, Van Schaik CP. Cooperative breeding and human cognitive evolution. *Evolutionary Anthropology*, 18: 175–186, 2009

Carmody RN, Weintraub GS, Wrangham RW. Energetic consequences of thermal and nonthermal food processing. *Proceedings of the National Academy of Sciences*, 108: 19199–19203, 2011

Chapais B. Monogamy, strongly bonded groups, and the evolution of human social structure. *Evolutionary Anthropology*, 22: 52–65, 2013

De León MSP, Golovanova L, Doronichev V, et al. Neanderthal brain size at birth provides insights into the evolution of human life history. *Proceedings of the National Academy of Sciences*, 105: 13764–13768, 2008

DeSilva JM, Lesnik JJ. Brain size at birth throughout human evolution: A new method for estimating neonatal brain size in hominins. *Journal of Human Evolution*, 55: 1064–1074, 2008

ディーコン・テレンス・W著，金子隆芳訳『ヒトはいかにして人となったか』新曜社，1999

Dunbar RIM. The social brain hypothesis. *Evolutionary Anthropology*, 6: 178–190, 1998

Dunbar RIM. The social brain hypothesis and its implications for social evolution. *Annals of Human Biology*, 36: 562–572, 2009

ダンバー・ロビン著，鍛原多恵子訳『人類進化の謎を解き明かす』インターシフト，2016

Edger B. Powers of two. *Scientific American*, 311: 62–67, 2014（「一夫一婦になったわけ」『別冊日経サイエンス』219：62－67，2017）

Fonseca-Azevedo K and Herculano-Houzel S. Metabolic constraint imposes tradeoff between body size and number of brain neurons in human evolution. *Proceedings of the National Academy of Sciences*, 109: 18571–18576, 2012

Gunz P, Tilot AK, Wittfeld K et al. Neandertal introgression sheds light on modern human endocranial globularity. *Current Biology*, 29: 120–127, 2019

濱田穣『なぜヒトの脳だけ大きくなったのか』講談社，2007

埴原和郎『人類の進化史』講談社，2004

針生悦子『赤ちゃんはことばをどう学ぶのか』中央公論新社，2019

長谷川眞理子「進化生物学の現在」『現代思想』49：8－12，2021

星元紀「動物学から見た生物多様性と人類の存続」『学術の動向』6：56－59，2001

Isler K, Van Schaik CP. How humans evolved large brains: comparative evidence. *Evolutionary Anthropology*, 23: 65–75, 2014

Imai M, Kita S. The sound symbolism bootstrapping hypothesis for language acquisition and language evolution. *Philosophical Transactions of the Royal Society B*, 369: 20130298, 2014

入來篤史「環境と認知システムの相互作用」乾敏郎・安西祐一郎編『コミュニケーションと思考』認知科学の新展開2，岩波書店，5－7，2001

入來篤史『道具を使うサル』医学書院，2004

岩田誠『ホモ・ピクトル・ムジカーリス ― アートの進化史 ―』中山書店，2017

河辺俊雄『人類進化概論』東京大学出版会，2019

川上一恵「子供の言葉の発達とメディア」『小児耳鼻咽喉科』37：286－289，2016

Kobayashi H & Kohshima S. Unique morphology of the human eye and its adaptive meaning: comparative studies on external morphology of the primate eye. *Journal of human evolution*, 40: 419–435, 2001

Kochiyama T, Ogihara N, Tanabe H et al. Reconstructing the Neanderthal brain using computational anatomy. *Scientific Report*, 8: 6296, 2018

Lovejoy CO. The origin of man. *Science*, 211: 341–350, 1981

Lucas D, Clutton-Brock T.H. The evolution of social monogamy in mammals. *Science*, 341: 526–530, 2013

正高信男，辻幸夫『ヒトはいかにしてことばを獲得したか』大修館書店，2011

松沢哲郎『分かちあう心の進化』岩波書店，2018

松沢哲郎『想像するちから』岩波書店，2011

松本晶子，小田亮「群れる」小田亮，橋彌和秀，大坪庸介，平石界編『進化でわかる人間行動の事典』朝倉書店，223－228，2021

Mellars P & French JC. Tenfold population increase in western europe at the neandertal-to-modern human transition. *Science*, 333: 623–627, 2011

ミズン・スティーブン著，熊谷淳子訳『歌うネアンデルタール』早川書房，2006（Mithen S. *The singing Neanderthals*. Weidenfeld & Nicolson, 2005）

三井誠『人類進化の700万年』講談社，2005

ミラー・ジェフリー・F 著，長谷川眞理子訳『恋人選びの心II』岩波書店，2002

森元良太，田中泉吏『生物学の哲学入門』勁草書房，2016

明和政子『まねが育むヒトの心』岩波書店，2012

明和政子『ヒトの発達の謎を解く』筑摩書房，2019

奈良貴史「人類進化の負の遺産」『バイオメカニズム』23：1－8，2016

Neubauer S, Hublin JJ, Gunz P. The evolution of modern human brain shape. *Science Advances*, 4: eaao5961, 2018

大隅典子『脳の誕生 —— 発生・発達・進化の謎を解く』筑摩書房，2017

Opie C, Atkinson QD, Dunbar RIM, Shultz S. Male infanticide leads to social monogamy in primates. *Proceedings of the National Academy of Sciences*, 110: 13328–13332, 2013

ポルトマン・アドルフ著，高木正孝訳『人間はどこまで動物か』岩波書店，1961

Powell JL, Lewis PA, Dunbar RIM, García-Fiñana M, Roberts N. Orbital prefrontal cortex volume correlates with social cognitive competence. *Neuropsychologia*, 48: 3554–3562, 2010

Rosenberg KR & Trevethan WR. The evolution of human birth. *Scientific American*, 285: 72–77, 2001（「出産の進化」『別冊日経サイエンス』151：44 − 49，2005）

サイクス・レベッカ・ウラッグ著，野中香方子訳『ネアンデルタール』筑摩書房，2022

篠田謙一「ホモ・サピエンスの本質をゲノムで探る」『現代思想』44：57 − 67，2016

篠田謙一『人類の起源』中央公論新社，2022

シップマン・パット著，河合信和・柴田譲治訳『ヒトとイヌがネアンデルタール人を絶滅させた』原書房，2015

諏訪元「化石からみた人類の進化」『ヒトの進化』岩波書店，13 − 64，2006

トマセロ・マイケル著，大堀壽夫・中澤恒子・西村義樹・本多啓訳『心とことばの起源を探る』勁草書房，2006

トマセロ・マイケル著，松井智子・岩田彩志訳『コミュニケーションの起源を探る』勁草書房，2013

van Andel TH, Davies W, Weninger B. The Human Presence in Europe during the Last Glacial Period I: Human Migrations and the Changing Climate. In Ed, van Andel TH, Davies W. *Neanderthals and Modern*

第 2 章　人類の進化と言語の起源

Humans in the European Landscape during the Last Glaciation: Archaeological results of The Stage3 Project. chapter 4: 31–56, McDonald Institute for Archaeological Research, 2003

Wong K. Neandertal Minds. *Scientific American*, 312: 36–43, 2015（「ネアンデルタール人の知性」『日経サイエンス』56 － 63，2015）

柳原大，歩行と小脳『Brain Medical』19：49 － 58，2007

Weaver TD, Hublin JJ. Neandertal birth canal shape and the evolution of human childbirth. *Proceedings of the National Academy of Sciences*, 106: 8151–8156, 2009

山極寿一，小原克博『人類の起源，宗教の誕生』平凡社，2019

第3章

子どもの言語獲得と失語症

(I) 子どもの言語獲得

◼1 ヒトは、どのようにして言語を獲得するのか

　われわれは、どのようにして言葉を覚えたのか。しかしヒト
は皆、自分がどのように言葉をおぼえたのかを記憶していな
い。ほとんどのヒトで最も古い記憶は、3、4歳であり、すでに
子供は言葉を話している。ヒトは、母国語の習得に苦労したと
いう実感をまったく持っていない。しかし、外国語の学習は、
母国語を習得しているにもかかわらず、長い学習時間が必要で
ある。子供が、言葉をなぜ聞き取り、話せるようになるのか。
また言語獲得に小脳はどのように関与しているのかについて考
えてみたい。

1) 胎児期 (40週間、280日間)

　胎児期からすでにヒトの脳は、発達を始めている。運動面
は、7週から触覚の発達、9〜10週で四肢の運動がはじまり12
週で足の曲げ伸ばしができるようになる (明和2012)。13週に
手で自分の顔に触る (ダブルタッチ) や把握反射がみられるよ
うになり (乾2013)、30週で指吸いが行われるようになる (明

54

和2019)。

知覚（視覚）は、18週ごろに視覚器官が形成され、光を感じるようになる（明和2012）。4か月で眼球運動、6か月で急速眼球運動がみられる（乾2013）。知覚（聴覚）は、17週から聴覚機能が発達し、21〜31週で母親と見知らぬ女性の声を聴き分けることがエコーによる胎児の口の開閉で判明している（明和2012）。その後35週で聴覚感受性の完成がみられる（正高2001）。脳の発達は、24〜27週で脳回と脳溝が形成される（明和2012）というように、胎児期から感覚・運動機能、神経機能の発達がはじまっている。

2) 出生〜5か月

運動面は、生後6日で凝視した対象に手を伸ばす行動がみられる（乾2013）。2か月で指吸いが再現する。原始反射が消失し、随意運動が可能になる。2〜4か月で首がすわる。3か月で自分の手を注視し、4か月で到達把持運動、抱いた人の顔をいじる行動がみられるようになる（乾2013）。

知覚（視覚）は、出生時の視力は0.01であるが、2か月目で母子の見つめあいが高頻度におこり（20回/時間）、4か月で遠近の視覚認知が可能になる（明和2012）。標的の移動に先行して生じる追跡眼球運動の予測的制御が、5か月で可能になる（乾2013）。

言語に関しては、知覚（聴覚）は、4か月で母音の聞き分けができるようになる（今井2013）。発声に関しては、2か月でクーイング（「アー」「ウー」「クー」など唇や舌を使わない乳児の発声）がみられる。新生児の声道は3か月で構造が変化し、

喉頭が下降することで、発声のバリエーションが増え、母親のオウム返しができるようになる（岩田2017）。4か月で、母音の発声、笑い声が出せるようになる（正高1993）。4〜6か月になると口腔内で舌が自由に動かせるようになり、より様々な発声（喃語）が可能になる（針生2019）。

認知行動面は、生後数日〜2か月の間、新生児模倣や新生児微笑がみられる（明和2019）。

模倣は、8〜10か月ごろ再現する。2か月で社会的微笑がみられ、母親との強力な関係づくりが行われる（明和2012）。母子の見つめあいや社会的微笑に関して、母親にしがみついて離れないサルと異なり、身体が母親と離れているヒトは、生存上不利な状況にある。子供は、母親の関心をより長時間持続させるための生存戦略を進化の過程で獲得している（明和2012）。この時期は、母親とのまなざしの交信、声のオウム返しなどのやり取りから母親との関係性が強化され、6か月以降の発達の準備がなされていると考えられる。

3) 6か月〜8か月

運動面は、6か月でさし出されたものに手を伸ばすなど円滑な到達運動が可能となる（明和2012）。到達運動は、のちに指さしに発展する（乾2013）。ハイハイ、つかまり立ちができるようになる（乾2013）。7.5か月で自分の手の視覚情報がなくても、物体の向きに合わせてあらかじめ手首を回転させる予測的制御ができる。「いないいないばあ」で遊ぶのもこの時期である（乾2013）。

知覚（視覚）は、視力が0.02に向上する（明和2012）。聴覚

は、6か月で子音の聞き分けが可能になる（今井2013）。また梶川、正高（2000）は、平均8か月（6か月〜10か月）の乳児を対象に、テスト直前に聞いた歌の中に含まれた単語を新しく示された単語よりも長い時間聴いたことから、この時期の乳児が連続した音から単語を分離して聴取することができることを報告している。また梶川、正高（2003）は、平均8か月（6か月〜11か月）の乳児を対象に、朗読文に含まれたターゲット単語が、トレーニング直後に独立して提示された場合に、ターゲット単語を統制単語よりも長時間聴取したことから、この時期の乳児が朗読音声中に含まれた語彙パターンを抽出し、短期間保持できることを明らかにした。つまり、すでにこの時期に音の連鎖として提示される文の中にある単語を切り出して聴取し、短期間記憶することもできるようになっているといえる。

　発話においては、4〜6か月は足の動きと同期していた笑い声が、6〜8か月では手と同期するようになり（正高2001）、6〜8か月で音節が複数で子音－母音構造を持つ基準喃語（バア、バアバア）がみられる。言語理解では、7〜9か月で動物と乗り物、車と飛行機などのカテゴリー分類（Mandler & McDonough 1993）が可能になり、事物に共通する属性の抽出が可能となっている。また理解できる語彙の増加がこの時期にみられる。

　認知発達（心の理解）は、Senju & Csibra（2008）は、6か月児において、注意喚起場面で女性（母親ではない）が、子供とアイコンタクト（見る－見られる関係の成立）がある場合と下を向いてアイコンタクトがない場合に、視線追従場面で女性が二つのおもちゃのどちらかを見た場合、アイコンタクトがある

場合に、女性が見たおもちゃを先に見て、より長い時間注視したことから、女性の伝達意図が子供に伝わったと考えた。また声掛けの際に子供にわかりやすいマザリーズ（乳幼児に対する語りかけ方のことをいい、①やや高めのピッチ、②話す速度がゆっくり、③抑揚が大きい）がある場合と、低い声で抑揚なく声かけをした場合にも、マザリーズがない場合より、ある場合に相手が見たおもちゃを長く注視し、女性の伝達意図が子供に伝わったと考えた。彼らは、6か月の子供が相手の伝達意図を理解していることを報告している。

　生後6か月に始まる乳児の人見知りのメカニズムに関して、明和（2019）は、自己意識と他者意識によって説明している。他者意識の生成は、養育者（多くは母親）のほほえみ（視覚）、声かけ（聴覚）、肌触り（触覚）、匂い（嗅覚）など母親の情報が快さとして連合学習により記憶される。母親の概念（記憶表象）ができることが、他者意識の始まりとなる。常に母親に接触しているチンパンジーと異なり、ヒトの子供は、母親から離れて仰向けに寝かされている。ヒト特有の母親に対する他者意識を身につけていく。一方、自己意識に関しては、視覚、聴覚などの外受容感覚と運動感覚などの自己受容感覚、身体内部の状態の感覚などの内受容感覚からなる三つの身体感覚を環境と相互作用する過程で自分の身体を通して、自己意識が生まれてくる。ヒトは、常に変化する環境を脳内で予測しながら生きており、「予測したことと実際を照合し、誤差を検出し、さらに誤差修正するという「予測－照合－誤差修正」を行うシステムがあり、内部モデルと呼ばれている（ここで明和が述べている内部モデルは、小脳の無意識的システムではなく、意識的シス

58

テムと考えられる）。このシステムによりヒトは、自己という存在を他者と区別する自己意識を持つと考えられている。子供の最も親しい他者は母親であり、子供はまず母親との関係で内部モデル「予測－照合－誤差修正」を形成する。しかし母親以外の他者に関しては、予測誤差が生じやすくなるが、誤差修正がうまくいかず、不安の表現として人見知りが生じる。さらに子供の視線の実験より、人見知りする他者の顔も幼児はよく見ていることから、人見知りが見知らぬ他者に接近したい気持ちと怖がる気持ちの葛藤と考えられている（明和2019）。子供は生後半年で、すでに言語獲得の重要な基盤となる他者の伝達意図を理解し、他者意識と自己意識ができあがりつつあると考えられる。この時期の子供は、子音の聞き分け、連続音から単語を分離して聴取、語彙の記憶、相手の伝達意図の理解ができるようになり、初語への準備が行われている。

4) 9か月〜3歳

　運動面では、9か月で瓶のふたを開けたり閉めたりする、10か月でおもちゃの車を手で走らせる。またバイバイ、バンザイなどの身体模倣、道具を使用する動作の模倣ができるようになる（明和2012）。12か月で歩行が可能になり、18か月で走る、24か月でボールを前にける、両足で飛ぶなどの身体運動が可能になる。

　聴覚面では、9か月で「ラマク」と「ダマク」のような聞き分けが難しいミニマルペア（1音しか違わないよく似た単語）が、弁別できるようになる（梶川2008）。8か月の子供が音の連鎖として提示される文の中にある単語を切り出して聴取し、

短期間記憶することもできるようになっていることが報告されている（梶川，正高2000）。さらに9か月の子供が、繰り返し提示された朗読文に含まれた語彙のうち少なくともいくつかは、約2週間にわたり保持できることを明らかにし、長期的語彙記憶がこの時期に形成されていることが報告されている（梶川，正高2003）。言語発達の側面では、9か月からさらに急速な発達がみられ、12か月で初語がみられることになる。ポルトマン（1961）の生理的早産説どおり、産道の制約により1年早く生理的早産で生まれた子供は、12か月で歩行と発話が可能になっている。

①9か月革命

9か月から12か月ごろは、共同注意を中心とした社会性機能が急激に発達する時期であり、9か月革命（トマセロ2006）とよばれている。この時期に子供は、それまでの自己－他者の二項関係から、自己－他者－対象という三項関係が成立するようになり、二人が注意を共有する社会的スキルが生まれる。三項関係が成り立つためには、他者を自分と同じ意図を持つ主体であり、注意を共有できることを理解することが必要になる。6か月で出現するアイコンタクト、9か月で始まる模倣や身振りは、共同注意の前段階とされており、言語獲得の基盤となる社会的認知と考えられる（麻生1992）（永井2019）。

②模倣

9か月から子供は、身体模倣、道具を使用する動作の模倣ができるようになる。ヒトの子供が、周囲の他者が発する音声言

語をそのまま真似、学習するだけではなく、行為に含まれる身体の動きに注目し、それを自分の身体行為として模倣し、追体験する。自分の身体経験によって喚起される動作イメージは、養育者によって発せられる音声言語と結びつきやすく、子供の言語獲得を促進する。日々の生活の中で大人は子供に視覚と聴覚、触覚など全身の感覚を使って模倣させ、言語を身につける機会を豊かに提供するという模倣の言語獲得における重要性がある。つまり言語の学習は、初期段階においては身体を介して習得され、さらに身体模倣の重要な役割は、他者の行為の背後にある心に気づくことであり、模倣は他者への共感力と信頼、他者の心の理解を基盤としていると考えられる。その意味で模倣は、行為の共有からうまれるコミュニケーションである。身体模倣の意義は、所属集団のメンバーとして生存するために、他者とのコミュニケーションを成功させる手段、他者の意図理解の基盤であり、また道具の作り方、使い方など遺伝的に伝わらない複雑な情報の伝達ができることである（明和2012）。

　模倣の記憶に関して、明和（2012）は14か月の幼児に物品の操作を見せて（見せるだけで使用することはしない）、1週間後に模倣が可能であることから、行為の記憶を要する延滞模倣が、この時期に可能となっており、社会文化的スキルの学習、言語学習の基盤が準備されていると報告している。

　Meltzoff & Moore（1977）は、新生児模倣を発見し、like-me仮説を提唱した。この仮説は、赤ちゃんがみている対象（親）を自分と同じような存在と思いこむことで、いろいろな模倣学習ができるようになるという考え方である。さらにMeltzoff & Moore（1997）は、人間は生まれながらにして視覚的に観察

できる他者の動きを自己の運動感覚と照合する能力を持っているという能動的異種情報間写像理論を提唱した。この自己と他者をつなぐシステムは、リゾラッティが発見したミラーニューロンによってより明らかとなった。彼らは、サルの脳内で他のサルの行為を観察した時に活動するニューロン群と同じ行為を自分で行ったときの両方で活動するニューロン群を発見し、ミラーニューロンと名づけた。ミラーニューロンは、サルと人間では異なり、模倣をしないサルでは、目的が明確な、目的志向的行為でのみ活動がみられるが、模倣をするヒトでは、目的が明確な場合に限定されず、身振りや表情でも活動がみられる。他者の行為は、単に感覚情報を分析して認識されるのではなく、自己の身体を制御する部分を駆動して理解されている。いわゆる「身体化」による認知がなされているといえる。そしてヒトでは、ミラーニューロンは、他者の行為の意図、情動的共感にも関与している可能性が示唆されている（Rizzolatti & Arbib 1998）（リゾラッティ2009）。

③身振り

　身振りは、直示的身振り（指さし）と象徴的身振りに分けられ、指さしがより早期に出現する。幼児は、10か月で対象のはっきりした直示的身振り（指さし）がみられるようになる（麻生1992）（喜多2008）。指さしの出現は、三つの発達の流れがひとつにまとまり、新たな機能を持った行動を生み出す劇的な瞬間と喜多（2008）は述べている。つまり、手の動きと言語的音声の同期、方向に関する意図の伝達、他者との注意の共有の発達の3要素の統合である。すでに12か月の幼児の指さ

しは、対象物に対する見方を大人と共有したいという動機を持っている。さらに12か月で大人の視線や指さしを手掛かりに音声と指示対象を理解するようになる。例えば、大人がテーブルの上のスプーンを指さし、スプーンといった時、幼児は、机の上にあるスプーンが大人の指示対象であり、その名称であることを理解する。語彙学習を成立させる「指示的意図」の理解がすでにこの時期に可能となっている（Vanish 2011）（松井2018）。福山、明和（2011）は、1歳前半と1歳後半の子供を対象に以下の実験を行った。子供の反応に対して、無視条件、反応条件（ターゲットに無関係な反応)、共同注意条件（ターゲットを共有する反応）を行い、子どもの指さし反応を比較したところ、1歳前半では、3条件でほぼ同様の指さしがみられたが、1歳後半では無視条件、反応条件で長い指さし時間がみられたことと対照的に、共同注意条件では指さしが短時間で終了した。以上より、1歳後半では指さしで他者の心を操作すること（自分の興味ある対象に相手の注意を向けさせる）ができるようになると報告している。

　15か月で出現する象徴的身振りは、獲得されていない単語の代用であり、象徴的身振りは体の動きで別のものを表現することから、模倣、身振りは意図の表現という点で、言葉によるコミュニケーションと等価と考えられる（喜多2008）。また14〜18か月の幼児は、意図的な行動は模倣するが、偶発的行動は模倣しないという報告がある（Carpenter 1998）。13〜18か月では、身振りの組み合わせがみられるが、2語発話の2〜5か月前に消失する（Goldin-Meadow 1990）。つまり言葉の前駆的段階である身振りは、徐々に言語にとって代わられていく。16

か月の幼児は指さしの直後に生じた養育者からの発話の内容を
それ以外のタイミングに生じた養育者からの発話よりもより
よく記憶するといわれている（Begus et al. 2012）。生後16か月
の身振りと単語は、同一情報タイプだが、その0～4か月後は、
異種情報タイプになり、その後3～4か月後2語発話が生じる。
身振りは「私的な」思考の世界と「社会的な」言語の体系を結
びつけるものとして発達する（喜多2008）。

④共同注意

　共同注意とは、自分と相手が注意を向けている第三者を意識
し、相手が自分に注意を向けてほしいと思っているものに注意
を向ける能力（松井2018）、視線や指さしを介して他者と注意
を共有し、コミュニケーションの共通基盤を作る行為（永井
2019）、複数の者が並んで同じものを見る状態（岸本2018）と
定義されており、社会的な相互作用と社会的スキルの全体の総
称である。その内容は、1）大人が見ているところを見る視線
追従。2）物体に媒介された大人との相互作用を続ける協調行
動。3）大人を社会的な参照点として利用する社会的参照。代
表的なものに視覚的断崖と呼ばれるギブソンらやキャンポスら
の実験があり、ガラス張りの机の半分は、格子模様になってお
り、半分は下が見える透明なガラスになっているとき、最初に
格子模様の上に置かれた子供が透明なガラスの向こうにいるお
母さんのところに行くには、透明なガラスを渡らなければなら
ない。透明なガラスの手前で子供は母親の表情を見て、母親が
微笑んでいれば渡れると思い、母親の表情に恐怖があれば渡る
のを躊躇するという仮説通りの実験結果が得られた。子供が他

者の表情から感情を読み取り、自己の行動を調整することを社会的参照と呼ぶ（明和2012）。4）物体に対して大人がしているのと同じ働きかけをする模倣学習などがあり、共同注意は、子供が周囲の文化世界に参入する第一歩といえる。

　共同注意は以下の二つに分類されている。11か月で見られる受動的共同注意（Responding to joint attention: RJA）は、他者の注意に追従して、同じ対象に注意を向ける。例えば母親の視線や指さしの方向をたどって、その先に自分も視線を向けるようになる。また13か月で見られる能動的共同注意（Initiating joint attention: IJA）は、他者の注意を自分が注意を向けている対象に向けさせる。例えば、子供自身が注意を向けている対象に、母親の注意を向けさせる。この時期は、視線だけでなく、指さしが出現し、言葉も話し始める（永井2019）。この時期の子供は、視線、指さし、模倣、共同注意、言葉などのすべてを動員して、コミュニケーションを行っている。アイコンタクトや指さし、模倣などの非言語のやり取りに徐々に言語が介入していくと考えられる。

　言語習得の必要条件としてトマセロ（2006）は、以下の4点を挙げている。1）他者が意図を持つ主体であることを理解する。2）コミュニケーション行為の社会的認知の基盤となる共同注意場面への参加ができる。共同注意場面で子供と大人が一緒に第三の何かに向けられた相手の注意に、ある程度の時間にわたって注意を向けるという社会的やり取りが成立する。3）共同注意場面での他者の伝達意図の理解ができる。4）大人との役割交代を伴う模倣と間主観性、信号の受容と発信ができる。

共同注意に参加している大人と子供は、それぞれ役割があり、その役割は交換可能であることを子供が理解するようになる。アイコンタクト、指さし、模倣、共同注意を経て、子供が、大人が何かに注意を向けさせる意図で音を発しているということを理解した時、初めて子供にとってその音は言語になる（トマセロ2006）。つまり、言語獲得の順序として、子供は、まず大人とのやり取りを非言語的に理解し、次に言語を理解すると考えられる。この非言語コミュニケーションから言語にいたる4条件を子供は、12か月の初語までという短期間に習得していることから0歳児の発達の速さと母子関係の重要性が感じ取れる。次に言語獲得において、重要な要素となる他者のこころの理解についてみてみたい。

　⑤メンタライジング
　自分や他者のこころを想像する心的能力（苧阪，越野2018）、外からは観察できない行為者の心的状態を同定すること（乾2013）が、メンタライジングである。
　子供のメンタライジングを検討するにあたっては、有名な誤信念課題「サリーとアン」がしばしば用いられている。「サリーとアンの二人が部屋の中で遊んでいます。サリーは自分の人形をかごの中に入れて部屋を出ます。サリーの出て行ったあとに、アンはかごの中の人形を自分の箱の中に隠します。部屋に戻ってきたサリーは、もう一度人形で遊ぶためにどこを探すでしょう？」この課題に正答するためには、現在の状態とは異なるサリーの信念を理解することが必要である。そのためには、サリーの頭の中の表象を考える必要がある（バロン・コー

エン2002)。この課題ができるようになるのは、4歳以降といわれている（松井2009）。

　3歳児が、誤信念課題ができない理由として、言語や思考を形成する表象の問題という説と、ある事実に注意が向くとそこから注意を変えさせることができない抑制制御の問題というふたつの説がある（松井2009）。しかし、Onishi & Baillargeon（2005）は、課題を工夫し、15か月の子供を対象に以下の実験を行った。実験者は、緑色の箱に一切れのスイカのおもちゃを入れ、その後スイカはひとりでに黄色の箱に移動する。子供は移動を見ているが、実験者はスイカの移動を知らずにスイカが緑の箱にあるという誤信念を持っている。子供は、実験者が黄色の箱に手を伸ばす期待に反した場面を期待通りの緑の箱に手を伸ばす場面よりも長く注視したことから、15か月の子供が誤信念を理解できることが明らかとなった。またLuo（2011）は、10か月の子供を対象に以下の実験を行った。ある人が、透明なついたての前に物体Aを置き、不透明なついたての前に物体Bを置く。その後不透明なついたての前の物体Bは、取り除かれるが、ある人からは見えていない。次に、ある人が、透明なついたての前においてある物体Aを取る。この時幼児は、ある人が、物体Bがなくなっているのを知らないことから、物体Aを好んで取ったと考える。最後の場面で、物体A、Bがともにある人の前に置いてあり、ある人が物体Bを取ったとき、幼児の注視時間が長くなったことから、幼児の予想（ある人は、物体Aが好き）と異なることが明らかとなり、10か月の幼児が他者の心の理解が可能なことが報告されている。

　トマセロの研究グループは、子供のメンタライジングについ

て様々な検討をしており、12か月の子供が一緒に遊んでいた大人が一時席をはずしている間に、新しいおもちゃが登場した場面で、席をはずした大人が戻ってきたときに大人にとって既知、未知のおもちゃを区別できることから、他者が知っていることと知らないことの区別ができることが報告されている（Tomasello ＆ Haberl 2003）。また12か月の子供を対象に、以下の4条件の実験（1．大人が幼児を見ないで対象のみを見る。2．対象を見ないで子供を見て肯定的態度をとる。3．何もしない。コミュニケーションを取ろうとしない。4．肯定的態度で子供と対象を交互に見る。）を行った。その結果、1〜3条件では、子供は指さしを繰り返し、共同注意を確立しようと努力したが、その後子供は指さしが減少し、コミュニケーションに消極的になった。一方、条件4では指さしが継続された。この結果より、子供の指さしは、対象物に対する見方を大人と共有したいという動機であるといえる（Liszkowski et al. 2004）。さらに12か月の子供に指さしを誘発しやすい対象を見せて、その後その対象が見えなくなっても、その対象があった場所を大人に指さす行動がみられたことから、相手の想起する対象がわかる（Liszkowski et al. 2007）。また12、18か月の幼児が、見失った物を捜している大人に、その物の場所を指さして教える行動がみられることから、相手の想起している対象を理解し、大人との対象物への自分の関心の共有ではなく、大人を助けるために知らせる指さし行動があること。つまり初語レベルの時期からの他者の意図理解、協力性、利他性があることが示されている（Liszkowski et al. 2006）。これらの実験は、**「今・ここ」から離れた認識を12か月の子供が持てることを明らかにしており、**

68

第3章　子どもの言語獲得と失語症

いつでもどこでも対象物を表現できる言葉が持つ記号的性質を
この時期の子供が理解していると考えられる。

　幼児の指さしは、類人猿においてみられる要求する（自分の
目標達成を助けてほしい）という機能だけでなく、ヒト特有
の共有する（他者と見方や感情を共有したい）、さらに知らせ
る（他者を助ける）機能を持っている。幼児の指さし行動の
背後に、協力的コミュニケーションの成立に必要な共有志向
性（助けることと共有すること）という協力的動機をトマセロ
（2013）は考えている。子供は、共同注意場面の繰り返しによ
り、大人の伝達意図を突き止め、役割交代を伴う模倣において
大人が使うのと同じように記号を使えるようになる（トマセロ
2013）。コミュニケーションの本質は、言語を中心とした記号
の解釈ではなく、推論による意図理解とトマセロ（2006）は考
えている。

　Meltzoff & Moore（1977）は、新生児模倣を発見し、自他を
同一視する like-me 仮説を提唱したが、乾（2013）は、10か月
の子供がメンタライジング能力を持つことから、他者の行為や
心理を理解する like-me システムから自他を分離する different-
from-me システムへの切り替えが起きていると述べている。

　言語発達の側面では、発話では、12か月で初語がみられる
ことから、アイコンタクト、指さし、模倣、共同注意を経て、
メンタライジングと言語の発達がその後長く並行していると考
えられる。

⑥言語発達
　生後12か月で見られる初語から6か月間は、5〜6語／月の

69

ペースで子供はことばを覚えるが、18か月の語彙爆発以降、驚くべき速さで語彙が増えていく。18歳の高校3年生の語彙数は6万語と推定され、1歳からの17年間で1日平均9.7語の新しい語彙を覚えていることになる（今井，針生2014）。さらに子供は、語が使われるのを一度見ただけでその語を正しい概念と対応づけできること（即時マッピング）が可能といわれている（今井，針生2014）。なぜこれほどの言語学習が可能なのかを考えてみたい。

　12か月の初語の時期に、母音の正確な音韻体系が獲得されている（梶川2008）。さらに15か月で助詞の認知ができることが報告されている。梶川、針生（2009）は、基準文「るめがむわっているよ」を何度も15か月児に聞いてもらい、その後助詞脱落文「るめむわっているよ」、助詞置き換え文「るめきむわっているよ」を子供に聞いてもらい、聴取時間を比較した。結果は、助詞置き換え文を長く聞き、助詞脱落文は基準文と同じだったことから、助詞が置き換わっていることに気づいており、助詞「が」が脱落しても文として成立していることをこの時期の子供が認知していることが報告されている。さらにHaryu & Kajikawa（2016）は、「これはヌサが好きな貝。ヌサが喜ぶといいね」という文を繰り返し聞いてもらい、その後名詞文「ヌサをごらん。ヌサはなにしてる。」動詞文「ヌサらないの。ヌサるのはどう？」を聴くと動詞文で聴取時間の延長がみられたことから、15か月児があとに「が」がつく単語は、代わりに「を」や「は」がついても構わないが、「らない」「る」がつくのはおかしいということ、つまり名詞と動詞の区別を理解していることを報告している。そして18か月で、

語彙の爆発的増加がみられ、20か月で2語文が話せるようにな
る（喜多2008）。つまり子供は、文を話すにあたっての文法的
知識（助詞、品詞の理解）を15か月ぐらいから習得している
と考えられる。以上、幼児が音の連続から言葉を切り出して聞
き取ることが可能になり、品詞の区別ができるようになる仕組
みを見てきた。しかし子供は、なぜ18か月から語彙を爆発的
に学習できるのだろうか。今井（2013）は、言葉の意味を知る
ということは、ひとつひとつの単語をその言語を母語とする大
人と同じように使えることであり、他の似た言葉との意味の違
いを理解でき、他の言葉とのカテゴリーの違いを整理できてい
る、つまり「意味のシステム」を知っていることと述べてい
る。今井（2010）は、「ことばの意味の学習とは、単に一つの
ものの事例とある特定の音の列の結びつきを覚えることでは
ない。その言葉が指し示す対象の集合（カテゴリー）との対
応を学習することである。」と述べているように、あらかじめ
持っている概念に対応する音をあてはめるのが言語学習ではな
い。「走る」という言葉の意味は、「歩く」という言葉の意味と
の対比によって可能となるのである。しかし12か月から言葉
を話し始める子供は、足がかりになる言葉をほとんど持ってい
ない。この謎に関して、今井、針生（2014）は、意味を持つ言
葉を学ぶためには、単語の指示対象、様々な状況で使うための
汎用基準、単語の意味の範囲を知らなければならず、単語と単
語の関係性からなる語彙システムを作ることが必要と述べてい
る、子供は、ほとんど語彙を知らない無の状態から語彙システ
ムを自力で創りあげている。今井（2013）は、「発見」「想像」
「修正」という観点から、この謎を解いている。まず子供は言

葉を分類する際にカテゴリー分けをするときに要素同士の関係を探索、発見し、類似性（例えば形の類似性でスプーンを分類する）を利用してパターンとしての言葉を覚えていく。

　さらに子供は、言いたいことがあると新しい言い方を作り出していく、例えばオノマトペを使用して、ある犬を「わんわん」と命名すると、あらゆる犬、猫など動物がすべて「わんわん」になる過拡張的用法がみられる。喜多（2008）は、10か月から1歳半ぐらいまでの間を語彙獲得の第一段階と考え、30〜50語ぐらいの単語を話せる段階の特徴として、獲得の速度がゆっくりであること、定着性が低く、消失する割合が意外に多いこと、成人の言語使用よりも過拡張的用法がみられることをあげている。

　しかし、子供は徐々に犬だけが「わんわん」であると知るようになる。今井（2013）は、そういった修正を親から教えられなくても子供が自身で行うと述べている。Haryu & Imai（2002）は、卵型のボールに「ヘク」という名前を付けると、「ヘク」はボールではないという判断をするようになったことから、子供は、新しい言葉をおぼえるとすでに知っている語の体系を修正することを報告している。つまり子供は、おぼえた語彙のシステムを柔軟に変化させながら、多くの語の意味を深めていると考えられる。こういった「発見」「想像」「修正」のプロセスを1歳以前から行っており、語彙の全体像（システム）が分からないと単語（要素）の意味が学べない、単語の意味が学べないと語彙は作れないというジレンマを子供は、このようにして解消し、語彙という巨大なシステムを、大人の手を借りながらも自分の力で作り上げていると考えられている。

第3章　子どもの言語獲得と失語症

　18か月以降の語彙爆発期には、多様な特徴のある事物を語彙として驚異的スピードで獲得していく。子供は、言葉と概念をマッチングさせていくうえで様々な推論を行っている。子供は、語彙獲得にあたって、なんらかの原理を使用しているのではないかという発想が生まれ、以下の語彙獲得期に有効な四つの仮説が考えられている（喜多2008）。

　　1.「事物全体制約」：ある事物が示され、言葉が与えられたら、その言葉はその事物の「全体」に関するラベルである。たとえば母親が指示したコップが、コップ全体をさすという仮説。
　　2.「カテゴリー仮説」：あるものがその事物が属するカテゴリーの名称という仮説。あるコップが、類似したすべてに適応されるラベルであるという仮説。
　　3.「相互排他性」：それぞれのカテゴリーの外延は、相互に排他的であって重なることはない。「さかな」を知っている子供は、指示された「背びれ」を正しく部分として解釈できる。
　　4.「形バイアス」：名詞を同じ形を持つものに結び付ける仮説。しかしこれらの制約は、「デフォルト」として語彙獲得に役立ち、のちに消失すると述べている（小林2008）。

　今井、針生（2014）は、構造化され別の状況で使えるように取り出し可能になった記憶を「知識」と定義し、身体感覚的概念から抽象的記号への発展に関して、身体を使って知識を発見

73

し、知識を使用し、知識を修正して、新しい知識の創出するプロセスによる語彙の拡大を考えている。彼らの見方は、子供にとって、言葉の学習は、思考の整理であり、未分化な概念を整理し、新たな概念を創出することで、語彙の増加が可能になるというものである。

　子供の語彙爆発は、推論能力、伝達意図の理解、足掛かりとなる語彙の習得を基盤に生じていると考えられる。11か月ごろから増え始めた指さしは、21か月ごろから減少する（喜多2008）ことから、コミュニケーションルートが、指さしから言葉に移行していると考えられる。

　子供の言語習得の謎について、今井、秋田（2023）は、言語習得の初期はオノマトペのアイコン性（形式と意味の類似性）を検知する知覚能力で子供は、語彙を増やしていくが、言語の膨大なシステムにたどり着くことは不可能であり、既存の知識を足がかりに推論を重ねて語彙を増やしていくブートストラッピング・サイクル（知識が知識を生む学習システム）を提唱している。彼らは、言語習得が、経験の暗記ではなく、推論によって知識を増やしながら、同時に「学習の仕方」自体も学習し、洗練させていく自律的に成長し続けるプロセスと考えている。その推論に用いられているのが、ひとつには、アブダクション（仮説形成）推論であり、観察データを説明するための仮説を形成する推論である。確実なのは演繹的推論である、例①すべての人は死ぬ。②ソクラテスは人間である。③ゆえにソクラテスは死ぬ。アブダクション推論は、演繹的推論に比較して確実性は低いが、新たな知識を創造する。例①この袋の豆はすべて白い。②これらの豆は白い。③ゆえにこれらの豆はこの

第3章　子どもの言語獲得と失語症

袋から取り出した豆である。アブダクション推論による子供の言い間違いの例としては「練乳：イチゴのしょうゆ」のように機能的類似性の推測から創造されている。もう一つは、対称性推論（前提と結論を逆転させる推論：例、犬：ジグザグの動き、ドラゴン：曲線的動きを学んでから、動きから犬やドラゴンとの対応ができるかどうか）である。8か月の子供は視覚性課題（犬、ドラゴンとそれぞれの動き）で対称性推論が可能だが、チンパンジーではできないことから、動物の中でヒトだけが言語習得が可能である理由として対称性推論が関与している可能性を彼らは示唆している。今井、秋田（2023）は、ヒトの言語習得は、アブダクション推論や対称性推論など予測によって仮説を立て、その仮説が適合しない場合は修正するという思考、つまり言語を使用した試行錯誤ができることを想定している。

　今井、針生（2014）は、乳児は脳（特に前頭葉）の機能が未熟で一度に保持できる情報量が少ない。最初は、局所的な処理を行い、知識の増加と脳機能の発達が並行して発達することが、子供の言語習得における過程の特徴と述べている。

　子供が語彙を獲得していくうえで、記憶の問題が考えられる。記憶は、言葉で表現できる陳述記憶と体で覚える手続き記憶がある。陳述記憶は、出来事の記憶であるエピソード記憶と知識の記憶である意味記憶からなっている。語彙は、出来事の記憶（エピソード記憶）とは異なる知識の記憶として意味記憶に属する。意味記憶の特徴は、ひとつには、様式横断性表象である。意味（概念）は、異なった様式情報の重ね合わせによって成立する。言語表象は、記憶表象、視覚表象、聴覚表象　触

75

覚表象などからできている。つまり初語が出てくる1歳までに子供は、様々な感覚（例えば猫の視覚表象と［neko］という音韻表象、猫を触った感触：触覚表象など）を連合することができるということである。もうひとつには、経験縦断性表象である。意味記憶は、類似表象の重ね合わせから抜き出された抽象イメージであって、決して知覚イメージそのものでない。様々な犬種があってもそれらは、すべて「犬」である。類似表象群は、カテゴリー化され、言語が表象を束ねているといえる（山鳥2002）。語彙は、カテゴリー化されることでひとつの語彙が多数の表象を代表することができ、経済性の面で有効であるが、細かなニュアンスは表現できないという欠点がある。

　意味記憶がエピソード記憶よりも先に出来上がり、ヒトは、膨大な数の語彙を記憶し、語彙を組み合わせることであたらしい意味生成を行う。エピソード記憶は、文を用いた言語化、時間と場所のタグが必要なため、3歳以降と言われている（岩田2017）。

　以上、子供の言語獲得について述べてきたが、**子供が言葉を覚えるにあたって必要な基盤となる知的機能（推論能力）、社会性（メンタライジングや他者の伝達意図を理解する能力）、意味記憶などの大脳機能が、急速に発達することにより言語獲得が可能になっているといえる。**次に言語獲得に小脳がどのように関与するのかをみていきたい。

第3章　子どもの言語獲得と失語症

② 言語発達と小脳

1) 幼児期の小脳損傷、形成不全

　言語発達と小脳の関係は、生後7か月の小脳白質灰白質の体積から12か月の言語能力を予測することができるという報告（Can et al. 2013）があり、7か月時の右小脳ⅦB、Ⅷ後方（図1）の灰白質、白質の密度、左内包後脚 / 大脳脚の白質の体積が12か月時の言語理解と関連し、また右海馬の灰白質の体積が、12か月時の言語表出と関連していると報告されている。ヒトの子供の脳は、徐々に機能局在ができてくるが、上記の報告より言語理解において生後7か月ですでに右小脳と左大脳（言語野）の機能的連関ができあがりつつあると考えられる。

　つぎに、幼児期の小脳損傷が認知機能にあたえる影響をみてみよう。Riva & Giorgi（2000）は、星細胞腫切除術15例（平均年齢10.2歳、7例左小脳、8例右小脳）、小脳虫部の髄芽腫切除術11例（平均年齢7.1歳）について、言語検査、記憶検査、語流暢性検査、注意機能検査を行った。右小脳術後例では、言語性知能、呼称、言語理解、発話の長さ、言語性記憶、語流暢性に低下がみられ、左小脳術後例では、言語理解、デザイン流暢性、語流暢性の低下がみられている。敏速な処理を要する前頭葉機能は、左右小脳術後例いずれにも認められた。さらに小脳虫部術後例では、無言症や社会的行動障害がみられている。Scott ら（2001）は、1歳3か月から4歳8か月の右小脳損傷3例、左小脳損傷4例について検討し、右小脳損傷例では、言語障害、左小脳損傷例では、空間認知障害とそれぞれ対側の大脳機能低下を呈したことを報告している。また、Limperopoulos

ら（2010）は、平均生後35.5か月の幼児38例について検討し、一側小脳損傷により対側大脳の背外側前頭前野、運動前野、感覚運動野（中心前後回）、側頭葉中部の灰白質および白質の体積低下がみられたが、両側小脳損傷の場合は、左右半球で大脳の体積減少は見られないことを報告し、一側性の小脳損傷は、対側大脳の成長に障害を生じることを報告している。

　小脳奇形、発達不全についてBolducら（2011）は、小脳奇形のある平均月齢27か月の20例と定型発達40例を比較し、小脳奇形群では、大脳全体積、大脳灰白質、深部核（視床、基底核）、前帯状皮質（灰白質白質）、側頭葉中部（灰白質白質）、頭頂後頭葉（灰白質）の体積減少がみられることを明らかにし、小脳奇形は大脳および大脳－小脳回路の発達不全をもたらすことを示唆している。また、Tavanoら（2007）は、2歳4か月〜19歳27例を、クラス1：小脳半球無形性、クラス2：小脳虫部無形性、クラス3：小脳半球、虫部形成不全、クラス4：小脳半球形成不全に分類し、74%の20例に知的発達遅滞（知能指数が70未満）が見られ、重症度はクラス1が重度、クラス3、4は軽度であった。27例中26例に言語障害が認められ、小脳虫部の無形性、形成不全で言語障害が重度と報告している。さらに小脳虫部は、社会性に関連していた。社会的行動、コミュニケーションの障害は、クラス1〜3で障害が顕著であった。運動障害に関しては、全体で障害がより軽度であり、長期にわたり改善が見られたことから、言語や社会活動とは別のメカニズムが推測される。以上より、**大脳が発達するためには、左右小脳半球と対側の大脳半球による神経回路の成熟が必要であることから、幼児期の小脳損傷や発達不全が、知的発達、言**

語発達や社会性の成熟を阻害する要因となるといえる。

2) 自閉症スペクトラムと小脳

　自閉症スペクトラム（Autism Spectrum Disorder: ASD）の3大特徴として、第1に社会性の異常があり、アイコンタクト、共同注意、メンタライジングなどの異常、他人の顔に視線を向けない（大隅2016）、他人の視線に気づかない、模倣しない、が挙げられている（フリス2009）（千住2014）。第2にコミュニケーションの障害、ASDは、言語、非言語の双方に障害があり、言語獲得の遅れ、話し言葉がない、18か月での語彙爆発が起こらない、あるいは遅れる（フリス2009）、他者とのやり取りが成立しない、指さしが見られない（千住2014）、語彙、音韻は比較的良好だが、文理解、語用論の障害があり、文字通りの意味に解釈する、独り言は言うが、話しかけない。話題の維持、話者交代などの会話のルールが成立しない、が挙げられている（藤原2010）。第3に、同じ行動を繰り返す常同的行動、関心ごとが異常に強く、その範囲が狭い（フリス2009）（大隅2016）が報告されている。

　ASDの病巣は、海馬、扁桃体、帯状回前部、小脳皮質、小脳核、脳幹にあり、小脳皮質ではプルキンエ細胞障害があり、下オリーブ核は保存されていることから、胎生30〜32週以前に障害が生起していると予測されている（橋本1994）。病理所見で小脳のプルキンエ細胞数の減少に関して複数の報告がある（Bailey et al. 1998）（Fatemi 2002）（Stoodley 2014）、さらに前頭葉体積の異常（Bailey et al. 1998）（Carper et al. 2000）が指摘されている。定型発達では、優位（左）半球ブローカ野（下前頭

回）が、劣位（右）半球より大きい（Keller 2007）が、ASDで
は、右半球のブローカ野が大きい（Herbert 2002）ことが報告
されている。Carperら（2000）は、平均年齢5.4歳、42例の自
閉症児において、前頭葉体積と小脳皮質VI、VIIの体積が有意に
逆相関している、一方で健常児は有意な相関はみられなかった
ことから小脳－前頭葉障害が示唆されている。成人の小脳一側
性の病変は改善するにもかかわらず、自閉症が青年期まで残存
するのは、小脳－前頭葉回路の発達の障害が原因と考えられ
る。

　ASDにおける障害と脳部位の関係について、Amaralら
（2008）は、社会的障害は、眼窩前頭回、前帯状回、上側頭溝、
頭頂葉後方、扁桃体の異常、言語発達障害は、下前頭回（ブ
ローカ野）、上側頭溝、補足運動野、上側頭回（ウェルニッケ
野）、橋核、小脳の異常、常同行動は、眼窩前頭回、尾状核、
前帯状回、視床の異常と考えている。D'Mello（2015）は、平
均年齢10.4歳のASD 35例における小脳灰白質の体積、小脳小
葉の体積、ASDの症状について定型発達35名と比較した結果、
ASDでは右Crus I、Crus IIの体積が有意に小さいことを明ら
かにし、社会での人間関係、コミュニケーション、常同行動と
いったASDの主症状が右Crus I、Crus IIの構造異常と相関す
ることを報告し、核心的病巣として右小脳皮質をあげている。

　ASDにおける脳の構造異常に関して、健常者を上回る脳の
サイズ、小脳後葉、扁桃体の灰白質密度増加、両側側頭葉、上
側頭回の血流異常が指摘されている（フリス2009）。また、乾
（2013）は、海馬、扁桃体、眼窩前頭皮質内側部、下前頭回の
構造異常（灰白質体積の減少、細胞の縮小と密度増加）およ

び脳機能画像から右側頭頭頂接合部（temporo-parietal junction: TPJ）、上側頭溝の機能異常を示唆している。以上より ASD における言語発達障害、対人コミュニケーション障害は、小脳の発達不全に関連した大脳半球の発達障害に起因すると考えられ、言語発達に関しては、右小脳－左大脳の発達不全が影響を及ぼしていると考えられる。

　ASD における構造異常は、シナプス（神経細胞間の接合部位）過剰が報告されており、成人期までのシナプス刈り込みの障害が原因といわれている（Ponzes et al. 2011）。胎児期から多数のシナプスが形成されるが、身体が環境と相互作用する過程で、適応的な働きを担うシナプスは残され、そうでないシナプスは除去されるのがシナプス刈り込みであり、効率的な神経回路の形成に不可欠な作業である。たとえば後頭葉（視覚野）では、胎齢20週から生後2、3か月でシナプス密度が上昇し、4か月でピークを迎える。後頭葉のシナプス刈り込みは、生後8か月から始まり8歳で成人レベルに達する（明和2019）。しかし、複雑な情報処理を行う前頭前野では、シナプス密度のピークは4歳であり、シナプス刈り込みのピークは、14～16歳、前頭前野は、完成まで25年かかるといわれている（明和2019）。

　前頭前野は、抑制機能などヒトが社会生活を送るうえで重要な機能を果たしているが、完成までに非常に長い時間がかかっている。幼児期の第1次反抗期、青年期の第2次反抗期は、こういった脳のアンバランスによって生じているといわれている。例えば2～4歳のイヤイヤ期では、本来、感情のコントロールは、前頭葉の発達によって辺縁系の活動がもたらす衝動的欲求を制御するのだが、前頭葉の発達が未熟な時期は、扁桃

体の不安ストレスを前頭葉が抑制できない。そこで養育者（母親）が、アタッチメント（愛着）により、不安を取り除き、安心感を与えるというように養育者が前頭前野の働きを肩代わりしている（明和2019）。

　小脳の大きさは、妊娠27週（0.91 cm³）、35週（2.6〜3.5 cm³）、新生児（10 cm³）、2歳（15 cm³）、63歳（67 cm³）であり、妊娠30週以降で小脳皮質の体積増加が著しかったと報告されている（山口ら1988）。Hollandら（2014）は、小脳が生後3か月の間で脳全体の中で最も高率に発達することを報告している。しかしヒトの小脳のシナプス刈り込みの時期は不明であり、まだ動物実験の段階である。

　これまで述べてきたように対側の大脳と密接な神経回路を持つ小脳は、大脳の完成に大きな役割を果たしていること、その中でも特に幼少期が重要と考えられる。Wangら（2014）は、小脳障害の影響が誕生に近いほど重篤であり、発達過程の脳において、小脳から大脳への出力が神経回路の成熟を促すため、小脳に障害があると高次脳機能を営む小脳−大脳の神経回路が正常に成熟せずにASDに至るという発達期の遠隔作用仮説（Developmental diaschisis）を提唱している。この説では、小脳が上流にあり、ASDに関与する下流の脳部位（海馬、扁桃体、前帯状皮質、前頭前野）に影響を及ぼしていると想定し、小脳は、ASDにおいて最も高頻度の損傷部位と論じている。

　子供の発達と小脳についてみてきたが、言語発達においては、言語獲得以前に共同注意、模倣、意図理解などの対人的社会性の発達が前提となり、子供の思考力や推理力などの知的機能、意味記憶、ワーキングメモリー、それらを支える注意力な

第3章 子どもの言語獲得と失語症

どの基盤となる能力の成熟があり、さらに聴覚的理解、発話における音韻処理、意味処理、文法処理などの言語処理が可能となって言語獲得は可能となると思われる。その意味でも大脳の成熟の前提となる幼少期の小脳－大脳の神経回路における小脳の重要性が理解できる。

(II) 失語症と言語の脳内情報処理

1 失語症

　失語症とは、大脳の言語関連領域の損傷によって一旦獲得された言語能力に程度の差はあるが障害が生じる後天的言語障害である。ここでは、失語症者の言語障害が、言語のいかなる側面に障害をきたしているかについて考えたい。

　右利きのヒトの98～99%、非右利き（左利き、両手利き）の60%以上は左半球が言語野のある優位半球である。つまり右利きの場合、言語機能は左半球に強い側性化が見られる。多くの場合、左大脳半球が言語機能を営んでいると考えられるため以下の記述では、言語野のある優位半球を左半球と記載する。

　科学的失語症の研究が始まったのは19世紀後半からであり、発話の中枢を発見したポール・ブローカは、臨床解剖学の手法を用いて、後に発語失行と呼ばれる発話の障害を「語の記憶喪失ではなく、構音のための協調法の記憶の喪失」と考え、その中枢を左半球前頭葉下前頭回とした（1861年）。いわゆる機能局在論の始まりである。一方、聴理解の中枢を発見したカー

83

ル・ウェルニッケは、感覚刺激が外界から脳に受容されると、大脳皮質では、その刺激の記憶心像（心像＝イメージ）が残り、これは外界からの刺激に依存しないで想起されるようになると考え、聴覚神経線維の投射部位として上側頭回を音響心像の座とし、左上側頭回損傷による失語症状として語の理解障害を考えた（1874年）。

　左半球の言語野は、前頭葉下前頭回に位置するブローカ野と上側頭回に位置するウェルニッケ野とその両者をつなぐ神経線維束（弓状束）からなっている。ブローカ野（運動性言語中枢）は、発話の中枢であり、構音器官の運動指令編成（プログラミング）を営んでいる。一方、ウェルニッケ野（感覚性言語中枢）は、言語音の聴覚的理解を営んでいる。ブローカ野とウェルニッケ野をつなぐ弓状束により二つの主要な言語中枢が連動して機能し、語音の認知・産生を行っている。失語症研究における症例の蓄積と近年の脳機能画像研究により多くの部位が言語にかかわっていることがわかってきている。まず言語は言語野だけで営まれているわけではない、言語野を取り巻く広範な部位に損傷がありながら、言語野（ブローカ野－弓状束－ウェルニッケ野）は保存されているのが、言語野孤立症候群（混合型超皮質性失語とも呼ばれる）である。Geschwindら（1968）が報告した症例は、22歳女性、一酸化炭素中毒により、決まりきったいくつかの単語のみを正常な発声で話すのみであった。他者の言葉は理解されずただオウム返しに復唱した。歌唱は良好であり、発症後の流行歌も歌うことができた。しかし、この症例では、言語機能だけが孤立して保たれており、言語野以外の営む知的機能などの認知機能と言語野の連合

第3章　子どもの言語獲得と失語症

は断絶していたため、コミュニケーションは成立しなかった。つまり、ヒトのコミュニケーションを支える言語機能は、大脳の様々な部位で営まれる知的機能などの基盤によって成立するといえる。

　ブローカ野（発話）、ウェルニッケ野（聴覚的理解）以外では、文法機能は、左中前頭回前方部、語彙機能は、左側頭極、左中側頭回前方、左下側頭回から左紡錘状回が営んでいる（岩田2017）。さらに言葉を話すにあたって必要な身体装置として、横隔膜の運動による呼気と吸気により長時間にわたる連続的発話が可能となり、声帯が作り出す喉頭原音を声道で加工することで母音や子音など様々な音声が作り出される。喉頭原音の加工とは、声道の形態の変化により音声の周波数成分を変化させることで様々な音を作り出すことである（岩田2017）。ヒトが話すとは、表現したいことを言語記号の系列（単語や文）に置き換え、さらに音韻系列に変換され最終的に発話されることである（山鳥1998）。物の名前を言う呼称を例にとればその情報処理の流れは、物品の視覚的認知→意味照合→語彙選択→音韻選択・音韻配列→構音プログラミング→構音実行（発語）となる（小嶋2010）。またヒトが言葉を聞いて理解するとは、まず自己と相手を含む状況全体が理解され、状況の中で発せられた言葉が受容され、次に言語の記号的側面が理解されることである（山鳥1998）。聴覚的認知に関しては、耳から入力された音声は、上オリーブ核－下丘－上丘－内側膝状体－大脳という聴覚伝導路を経て、大脳聴覚領皮質で音韻分析や意味理解が行われる（岩田1987）。単語の聴覚的理解の情報の流れは、音声入力→音響分析→音韻照合→語彙照合→意味

85

照合→意味理解となる（小嶋2010）。ここであげた音響分析とは、音素レベルでの音響学的認識であり、通常「語音一対比較テスト」（同一あるいは異なる音の対の異同を聞き分ける）で検査される。音韻照合とは、様々な高さ、強さ、声質で発声された一つの音節たとえば［ki］という音の音韻的特徴を抽出して日本語の音節「き」と認識できることである。いくつかの音節からなる単語の理解は、受容した音声情報を語彙照合（意味記憶に貯蔵された語彙との照合）、意味照合（意味記憶に貯蔵された語彙の意味との照合）を経て、意味理解される。言語には二重分節という特徴があり、文は、意味を持つ部分に分けられ（第一分節、語・形態素）、その意味を持つ部分は音素という意味のない言語の最小単位に分けられる。数十の有限の音素から、無数の語が形成され、語を組み合わせることによって無限に文を産生できる。ホモ・サピエンスは、メッセージの差異化を最大限にできる言語音の産生と理解ができるようになり、豊富な語彙、文法、時制を使用した複雑な言語コミュニケーションが可能となったと考えられる。

　失語症は、不自由なく言葉を使用していた成人が大脳の左半球言語関連領域の損傷により、言葉の障害をきたした状態である。失語症は、「大脳の損傷による一旦獲得された言語記号の操作能力の低下」（山鳥1985）と定義されている。失語症は、脳血管障害（脳梗塞、脳出血、くも膜下出血など）、脳外傷、脳腫瘍などによる大脳の損傷に起因することを意味し、大脳以外の脳損傷や心因性による言語障害は除外される。

　また失語症は、後天的障害であり、発達性の障害は除外される。言語の障害は、「聞く、話す、読む、書く」の言語使用の

第3章　子どもの言語獲得と失語症

四側面（モダリティ）すべてに見られる。簡略化すれば失語症
は、言語活動を成立させている言語の音韻的側面と意味的側面
および文法的側面において、この三機能がさまざまな重症度で
障害をうけるといえる。さらに失語症の特徴をつけ加えると、
「不可逆性」つまり、大脳の物理的な破壊は神経細胞（ニュー
ロン）の死滅を意味し、身体（手や足など）の外傷、骨折など
と異なり、死滅した神経細胞は再生しない、しかし残された神
経細胞から神経回路が再編成され、失語症は改善するが完全な
回復は難しい。また一般に失語症は、言語野にかかわる損傷に
よって生じた言語障害であり、大脳の広範囲にわたる神経細胞
の破壊によって生じ、知的機能障害を伴う認知症とは区別され
る。実際、失語症者は、人物、時間、場所などの見当識は保た
れており、知的機能、状況判断力、記憶も障害を免れている場
合が多い。将棋、囲碁や絵画の能力が保たれている失語症者も
しばしばみられる。失語症は、特殊な例外を除いて進行性では
なく、神経回路の再編成や右半球言語野相当部位による機能代
行により、言語訓練や家庭、社会生活で改善していく。

　失語症における言葉の障害は、失語症検査などによって客観
化、数量化されたものである。失語症検査は、言語の4モダリ
ティ（聞く、話す、読む、書く）に関して、単語レベル、文レ
ベルの検査を行い、失語症状の数量化が図られる。つまり、刺
激－反応図式によって客観的数値として把握された失語症状が
過去の症例から得られた知見と比較検討される。症候群と病巣
の対応関係が検討され、19世紀末のウェルニッケ・リヒトハ
イムによる失語分類をもとにボストン学派が、1960年代後半
に症状と病巣の関係から失語症タイプ分類を考案し、現代まで

87

使用されている。失語症のタイプ分類は、発話の流暢性、聴覚的理解障害の程度、復唱の良否の3要因によって代表的な7タイプに分類されている。

流暢性	聴覚的理解	復唱	
流暢	比較的良好	良好………健忘失語	
		障害………伝導失語	
	障害	良好………超皮質性感覚失語	
		障害………ウェルニッケ失語	
非流暢	比較的良好	良好………超皮質性運動失語	
		障害………ブローカ失語	
	障害	障害………全失語	

　出現頻度が高いブローカ失語とウェルニッケ失語について解説することで失語症の言語障害を説明したい。まず、非流暢な発話、比較的良好な聴理解、復唱障害を呈するブローカ失語は、構音運動のプログラミングの障害（発語失行）のため流暢に発話、呼称、復唱ができなくなり、プロソディー（日本語らしい韻律）障害、発話量の低下、音の歪み、発話時の努力性が特徴である。発語器官に麻痺などの運動障害は見られないが、発話の協調運動を円滑に行う運動指令編成（プログラミング）の障害による話しにくさが特徴である。しかし感情的あるいは状況に応じて発せられる言葉（偶然性発話）は、流暢に話せることから、言葉の記憶が失われているのではなく、意図的に話す能力に障害があると考えられている。酒井（2002）は、失語症でも間投詞や紋切り型の表現（あいさつなど）が影響を受け

にくいことから、小脳のメンタルモデルの可能性を示唆している
が、偶然性発話に関しても小脳のメンタルモデルが関与して
いる可能性が考えられる。一方、話し言葉の理解は、簡単な日
常会話は可能であるが、複雑な文で助詞の理解が難しくなる文
法障害のため文理解には障害がみられる。病巣が下前頭回及び
中心前回下部にあることで、発話の障害が顕著に表れるが、聴
理解を営む左上側頭回は、損傷を免れていることから聴理解は
比較的良好である。山鳥（2011）は、ブローカ失語の本質は、
プロソディー障害によって、話そうとする内容（観念心像）に
対応するセンテンス性音韻塊心像（音韻塊心像とは、音韻イ
メージのかたまり）を単語性音韻塊心像に分節し、音節心像に
展開することの障害と解説している。

　次に流暢な発話と顕著な聴理解障害および復唱障害を呈する
ウェルニッケ失語は、聴覚的理解の障害とともに流暢ながら意
味不明の言葉（ジャーゴン）、新造語や音や意味が誤った言葉
（錯語）が多発するため言語コミュニケーションは、伝達内容
が空虚になる。病巣は、聴理解を営む上側頭回であり、語音の
認知と意味理解の障害を症例ごとに様々な割合で持っている。
しかしブローカ野は損傷を免れているため構音プログラミング
自体は健全であり、発話は流暢であるが、音韻的統制ができな
いためブローカ野の自走（Free run）になっていると考えられ
ている。山鳥（2011）は、ウェルニッケ失語の本質は、聞き取
りでは、聞いた文を語や音節に分節できず、発話では、話そう
とする内容を音韻の塊のまま語や音節に分節できないまま発話
すると解説している。

　失語症の代表的タイプとしてブローカ失語とウェルニッケ失

語の概要を述べたが、ヒトが流暢に話すためには、意味・音韻処理から構音運動への展開が必要であり、言葉を理解するためには、音韻・語彙処理後意味処理が必要になる。さらに文レベルでは、文法処理が必要である。言葉を自由に使うための大量の音声言語情報を高速で音韻、意味、文法処理することに機能障害を呈しているのが失語症といえる。重症度が軽度から中度失語症者であれば、失語症の患者さんに簡単な語や文をゆっくり話せば理解され、またゆっくり待っていれば単語や短文を話せることもしばしばみられる。失語症は、しばしば言葉のわからない外国にいるようなものと例えられているが、言語機能がすべて廃絶するのではないことから、多少言語を知っている外国にいると例えるほうがより正確な比喩と考えられる。例えば学校教育で英語を学習した日本人は、英語の簡単な単語や文を聞き取ることはできるが、速い速度で連続する英語を聞き取る場合は、聞き取れない、聞き取れたが意味を理解しているうちに次の文が話されるなど情報処理が追いつかない状況と似ていると考えれば、失語症が理解しやすいと思う。失語症は、高いレベルの高次脳機能障害であることから、病像は複雑であり、言葉による説明で理解が難しい疾患である。その理由は、ひとつには、大脳が160億のニューロンが軸索によって連結された巨大なネットワークであることから、脳損傷の位置や大きさによってその症状や重症度は多彩となる。大まかなタイプ分類はされているが、すべての失語症者の失語症状や回復過程は、失語症者個人ごとに異なっている。

　失語症を理解することの難しさについて山鳥（2011）は、「失語症の人に失語症評価テストをして、この人には失語症が

あると判断できたとしても、その人の心の中でなにがおこっているのか、その人の言語能力発現のどの段階で何が起こっているのかを数字が教えてくれることはないのです。ある意味で、失語症発症の心理メカニズム（見えない過程）についての理解は、150年前のブローカによるタンタンしか話せなかったルボルニュ症例の研究発表以降、全く進んでいないとさえ言えるかもしれません。あの失語症研究の黎明期に提起された問題（なぜしゃべれなくなったのか、なぜ理解できなくなったのか）は依然として解決されないまま残っています。」と述べている。この問題は、失語症に限らず、記憶や注意などの高次脳機能にも該当し、記憶や注意などが脳内でどのような処理をされているのかは解明されておらず、われわれは、可視化された症状や脳機能画像で脳内機構を推測するという制約の中で失語症や高次脳機能の研究を行っている。言語は、ヒトの高次脳機能の中でも進化の上では新しい機能であり、極めて複雑である。しかし、**言語の脳内情報処理は、膨大な語彙の意味記憶、語彙を組み合わせ新しい意味を創造する知的機能、意味や音韻を分析する機能、文法機能などの多重処理を高速で行うことで成り立っていると考えられる。**

　失語症から回復した体験を書いたテイラーの手記を見てみよう。「奇跡の脳」（2012）"My stroke of insight (2006)"は、神経解剖学者が37歳時に実際に体験した左半球脳出血（先天性脳動静脈奇形による左頭頂側頭葉の脳出血）についての報告である。一般に失語症患者は、著作活動ができるまで回復することはまれであり、その意味でこの著作は、失語症者の内面を知るうえで貴重な証言であり、脳出血発症の印象、失語症患者の心

理状態、左脳と右脳の違いなど興味深い報告が書かれている。手記には発症時の徐々に症状があらわれてくる過程や言語症状が記載されている。テイラーの病巣は、左半球前頭葉から側頭頭頂葉に至る大きな病巣（ブローカ野とウェルニッケ野を含む）であったが、発症直後から意識は清明であり、助けを呼ぶ電話を職場にかけているなど思考は緩慢ではあるが成立していたと推測できる。

　失語症により電話に出た同僚の声が犬の鳴き声に聞こえた、発話したつもりがうめき声になっていたなど聴理解や発声の障害が記載されている。左脳は、機能不全に陥っており、言語とともに身体の位置や時間の感覚が失われていることが報告されている。また文字の読み書きが難しくなり、文字がシミに見えたと述べている。しかし健全な右脳による非言語的思考が可能であったこと、話し相手の発話から情感を読み取れたことが書かれている。失語症者のリハビリテーションを行っている筆者も、失語症者に右脳の言語理解能力がみられた経験は、何度もある。例えば、最重度の失語患者の家族に家族指導を行う場面などで、言語に障害があっても知的機能が低下したわけではない、家庭でもこれまで通り接して欲しい、というような話を家族にしていると、隣で聞いていた重度失語の患者さんが落涙する場面に何度か遭遇した。言語機能は、単語の理解も難しい重度障害であるが、おそらく話の情動的ニュアンスを右脳で理解していたと推測できる。失語症者は、言語理解を失ってはいない、失語症者の周囲にいる人々は、損傷を免れている右脳の理解力を知ってほしいと思う。

　テイラーの手記で印象深いことは、失語症患者であっても思

考や記憶が保存されること、著者は、脳出血の発症を自覚し、症状の変化をとらえていたこと、発症後に助けを呼ぶために電話ができたこと、脳出血発症17日後の脳外科手術による血腫の除去を行うことの説明を理解し、手術を承諾することが可能であったことである。失語症によって言語情報処理速度は極端に低下していたが、判断力は保存されていたと考えられる。テイラーは、入院中自分に話しかける医療者に「ゆっくり話してほしい」「はっきり発音してほしい」と言いたかったと手記に書いている。手術成功後リハビリテーション（理学療法、作業療法、言語療法）を受けて4年後に2つのことを同時に行う並列作業が可能となり、4年半後に計算ができるようになった。また8年後に自身の身体が、流体のように感じられていたのが、固体と感じられるようになったと述べている。左半球頭頂葉は、自己身体の定位も営んでおり、左頭頂葉損傷により極めてまれに出現する自己身体部位失認（自己身体部位の言語指示による定位〈指さし〉が困難になる高次脳機能障害、他者身体部位の指示、身体部位の呼称は可能である）が報告されている（Tamura et al. 2016）。テイラーの手記より、自己身体部定位の障害の回復には長い時間がかかることが示唆されている。

　ヒトの言語コミュニケーションは、左半球の営む言語のみによるものではなく、右脳の営む非言語コミュニケーション（感情的イントネーションなど）がある。右半球損傷で失語症を呈することはないが、コミュニケーションに独特の関与をしていることが報告されている。森、山鳥（1982）山鳥（1989, 1992, 1995, 2011）は、右半球損傷による言語症状として、①発話の亢進による多弁症は、意識障害は見られないが、相槌

など何らかのきっかけがあるととりとめのない内容を話し続ける。声は低く単調である。夜間には独語となる夜間多弁がみられる。②非失語性呼称障害は、巻き尺が「オイル」、血圧計が「ペーパーカッター」など対象物は理解していながら、名称が出てこない失語症の呼称障害とは異なって、全く無関連な単語が出てくる。③言語性疾病無関知は、右半球損傷では左半身麻痺を呈することがあるが、身体の左側の麻痺に無関心、無認知、否認などの言動がみられる。山鳥（2011）は、右半球損傷による言語症状を、右半球の統制を外れた左半球言語野の自走（Free run）ととらえている。右半球言語野相当領域は、左半球言語野に対して抑制機能を持っていると考えられている。左半球への側性化が強い言語機能であっても、言語の機能は左半球のみによって営まれているのではなく、左右半球の協調によって営まれているといえる。

　言語野の自走は、左右大脳半球の分離でもみられている。1930年代からてんかんの治療のため最終手段として、左右半球をつなぐ交連線維（脳梁）を切断する手術が行われていた。分離脳手術を受けた患者の研究から、言語野のある左半球が支配する右手では命令に応じた動作、触ったものの呼称、書字が可能であるが、右半球が支配する左手では、失行（命じられた行為を遂行することの障害）、触覚性呼称障害（閉眼で手に触れた物品の呼称障害）、失書（書字障害）が生じる。触覚性呼称障害では、右半球損傷で見られた非失語性呼称障害が見られたと報告されている。しかし分離脳患者は、複数物品から左手で触った物を正確に選ぶことができる。さらに分離脳患者の左視野に動詞を見せる（右半球のみが受容する）とその意味理解

が可能であった。しかし言葉では、わからないという反応ではなく、非意図的に事実でないことを話す作話反応が見られた。つまり「わからないという判断」は、左脳が言語で行うのである（山鳥2011）。

　右半球は、高度な認知活動を自律的に営むことができるが、本人が意識できない、さらに言語が発達・成熟すると言語活動にかかわる心の働き、つまり左半球由来の言語性心像が意識の大部分を占めるようになり、右半球の認知活動は、意識から押しのけられてしまう、あるいは言語性心像群が意識の大部分を「吸い取って」しまったのかもしれないと山鳥（2011）は述べている。ヒトの意識はその多くを言語が担っており、右半球は、認知していても意識化されないと考えられる。右脳－左脳問題は、第5章で詳しく論じたい。

② 言語機能への小脳の関与

　言語は、音韻、意味、文法という三要素からなっており、そのいずれにも小脳が関与していることが脳損傷研究、脳機能画像研究で報告されている。まず、小脳損傷による発話の障害は、失調性構音障害と呼ばれ、音節間の連続性や区切れが明確でない不明瞭発話（slurred speech）、抑揚とリズムに乏しい単調な話し方（monotonous speech）、発話の途切れる断綴性発話（scanning speech）、発話の開始が唐突な爆発性発話（explosive speech）がみられる。話し方の特徴は、酩酊状態での話し方に似ている。小脳は、構音の空間的調節と時間的調節を制御しているが、小脳障害により喉頭と構音器官の協調運動の異常が

生じる。発話に関与する多数の素早い筋活動の時間的調節は、フィードバックコントロールでは困難であり、小脳のフィードフォワードプログラミングが不可欠である（岩田2013）。また、小児の後頭蓋窩腫瘍切除術後一過性の無言症が生じることが報告されている（Ackermann 2007）。小脳損傷による発話の障害は、運動性の障害であるが、以下に述べる音韻・意味・文法処理は大脳の言語処理に小脳が関わっている。

　音韻受容（聴理解）では、両側小脳損傷者が、語音認知に障害がみられたという報告（Ackermann et al. 1997）があり、さらにMathiakら（2002）がfMRIを用いて子音の弁別を検討した結果、右小脳Crus Iと左前頭葉（ブローカ野前方）、左側頭葉上部（ウェルニッケ野）の活動がみられたことから、これらの部位が協調して、言語・非言語の連続する音響信号の解読を行っていることが示唆された。

　意味処理への小脳の関与に関しては、D'Melloら（2020）が、文章の読解における意味処理についてfMRIを用いた研究を行い、意味処理において右小脳Crus II、Ⅶ B、Ⅷの賦活がみられた。また彼らは、小脳Ⅶ B、Ⅷは、頭頂葉後部、側頭頭頂接合部（TPJ）、後頭－側頭皮質と神経連絡がみられることを報告している。さらに、彼らは、**読みの速度が速くなるにしたがって、意味処理における小脳の活動が高まったこと**を報告している。

　意味処理と文法処理について、Nakataniら（2023）はfMRIを用いた検討を行い、意味処理については、非ランダム条件（正しい文）、句ランダム条件（文を構成する句をランダムに配置することによる無意味文）、語ランダム条件（文を構成する

語をランダムに配置することによる無意味文）からなる30文を作成し、被験者は、提示された文が、非ランダム、句ランダム、語ランダム条件のいずれかを選択する。結果は、右小脳Crus IIが左側頭葉前方部、左角回と連合して意味分析していることが示唆された。

　また文法処理に関しては、文法的複雑さを3段階に設定し、非ランダム条件（正しい文）と句レベルでランダム条件（文を構成する句をランダムに配置することによる無意味文）の問題文を20作成し、被験者は、ランダム条件か非ランダム条件かを判断する。結果は、右小脳 Crus Iが、左ブローカ野と連合して構文解析していることが明らかとなった。さらに**文法課題の難易度が高まると小脳の活動も高まる**という知見が述べられている。文法に関して、Kinnoら（2014）が能動文、受動文、かき混ぜ文（主語と目的語の語順の入れ替え）を絵にあらわした刺激を提示し、fMRIで検討した。その結果、3つの文法処理の脳内ネットワークがあり、小脳が関与する第2のネットワークは、左運動前野外側部、左角回、舌状回、左小脳核が、左弓状束や視床小脳路を介してネットワークを形成している。文法と小脳についての報告は少ないが、Silveriら（1994）は、右小脳梗塞で失文法を呈した症例、Blancartら（2011）は左小脳梗塞で失文法を呈した症例を報告している。文法処理に関しては、Nakataniら（2023）は、右小脳－左半球言語野の活動を示唆しているが、Kinnoら（2014）は、左小脳核と左脳の関連を報告している。さらに病巣研究でも、左右小脳のいずれでも失文法を呈した症例が報告されていることから、文法機能は、左右小脳の関与が考えられる。しかし音韻や意味操作において

は、主に右小脳－左半球が営んでいると考えられる、さらに処理速度、課題の難易度に応じて小脳の活動が高まっていることは注目すべき点と思われる。

　ASDにおいても言語の問題は検討されている。Verlyら（2014）は、平均年齢14歳の言語障害を伴うASD群と定型発達群において動詞生成課題を行い、fMRIで解析した結果、ASD群では、右小脳と左背外側前頭前野（ブローカ野）との連結が、定型発達群に比較して弱いことを報告している。さらにHodgeら（2010）は、平均年齢10歳前後の定型発達群（NC）、ASD言語正常群（ALN）、ASD言語障害群（ALI）、特異性言語障害群（SLI）の4群で検討した結果、言語正常群ALN、NCは、左下前頭回－右小脳ⅧAの体積が大きく、言語障害群ALI、SLIでは、右下前頭回－左小脳ⅧAが大きく、小脳虫部Ⅵ－Ⅶが小さいことから、右小脳ⅧAや小脳虫部Ⅵ－Ⅶと左半球言語野が言語に関連することを示唆しており、ASDにおいては、脳の左右バランスの障害が考えられる。

　言語は、音韻情報処理、意味処理、文法処理だけでなく記憶や思考という大量の情報処理を高速に多重処理で行う必要があり、小脳による大脳のサポートがあってホモ・サピエンスは、高度な言語を獲得し操作することができる可能性が考えられる。次の4章では、言語以外の高次脳機能（前頭葉機能、記憶など）において小脳がどのようにかかわるかをみていきたい。

第3章　文献

Ackermann, H, Gräber S, Hertrich I, Daum I. Categorical speech perception in cerebellar disorders. *Brain and Language*, 60: 323–331, 1997

Ackermann H, Mathiak K, Riecker A. The contribution of the cerebellum to speech production and speech perception: Clinical and functional imaging data. *Cerebellum*, 6: 202–213, 2007

Amaral DG, Schumann CM, Nordahl CW. Neuroanatomy of autism. *Trends in Neurosciences*, 31: 137–145, 2008

麻生武『身ぶりからことばへ』新曜社，1992

サイモン・バロン＝コーエン著，長野敬，長畑正道，今野義孝訳『自閉症とマインド・ブラインドネス』青土社，2002

Bailey A, Luthert P, Dean A et al. A clinicopasthological study of autism. *Brain*, 121: 889–905, 1998

Begus K, Southgate V. Infant pointing serves an interrogative function. *Developmental Science,* 15: 611–617, 2012

Blancart RFG, Escrig MG, Gimeno AN. Aphasia secondary to a left cerebellar infarction. *Neurologia*, 26: 56–58, 2011

Bolduc ME, Du Plessis AJ, Evans A et al. Cerebellar malformations alter regional cerebral development. *Developmental Medicine & Child Neurology*, 53: 1128–1134, 2011

Can DD, Richards T, Kuhl P. Early gray-matter and white-matter concentration in infancy predict later language skills: A whole brain voxel-based morphometry study. *Brain and Language*, 124: 34–44, 2013

Carpenter M, Akhtar N, Tomasello M. Fourteen-through 18-month-old infants differentially imitate intentional and accidental actions. *Infant Behavior & Development*, 21: 315–330, 1998

Carper RA, Courchesne E. Inverse correlation between frontal lobe and cerebellum sizes in children with autism. *Brain*, 123: 836–844, 2000

D'Mello AM, Crocetti D, Mostofsky SH, Stoodley CJ. Cerebellar gray matter and lobular volumes correlate with core autism symptoms. *Neuroimage: Clinical*, 7: 631–639, 2015

D'Mello AM, Centanni TM, Gabrieli JDE, Christodoulou JA. Cerebellar contributions to rapid semantic processing in reading. *Brain and Language*, 208: 104828, 2020

福山寛志，明和政子「1歳児における叙述の指差しと他者との共有経験理解との関連」『発達心理学研究』22：140－148，2011

Fatemi SH, Halt AR, Realmuto G et al. Purkinje cell size is reduced in cerebellum of patients with autism. *Cellular and Molecular Neurobiology*, 22: 171–175, 2002

Geschwind N, Quadfasel FA, Segarra JM. Isolation of the speech area. *Neuropsychologia*, 6: 327–340, 1968

藤原加奈江「自閉症スペクトラムのコミュニケーション障害」『音声言語医学』51：252－256，2010

フリス・ウタ著，富田真紀，清水康夫，鈴木玲子訳『新訂　自閉症の謎を解き明かす』東京書籍，2009

Goldin-Meadow S. Gesture's role in creating and learning language. *Enfance*, 22: 239–255, 2010

針生悦子『赤ちゃんはことばをどう学ぶのか』中央公論新社，2019

Haryu E, Kajikawa S. Use of bound morphemes (noun particles) in word segmentation by Japanese-learning infants. *Journal of Memory and Language*, 88: 18–27, 2016

Haryu E, Imai M. Reorganizing the lexicon by learning a new word: Japanese children's interpretation of the meaning of a new word for a familiar artifact. *Child Development*, 73: 1378–1391, 2002

橋本俊顕，田山正伸，村川和義ほか「自閉症児の小脳　脳幹の発達」『脳と発達』26：480－485，1994

Herbert MR, Harris GJ, Adrien KT et al. Abnormal asymmetry in language association cortex in autism. *Annals of Neurology*, 52: 588–596, 2002

Hodge SM, Makris N, Kennedy DN et al. Cerebellum, Language, and Cognition in autism and specific language impairment. *Journal of Autism and Developmental Disorders*, 40: 300–316, 2010

Holland D, Chang L, Ernst TM et al. Structural growth trajectories and rates of change in the first 3 months of infant brain development. *JAMA Neurology*, 71: 1266–1274, 2014.

今井むつみ，秋田喜美『言語の本質』中央公論新社，2023

今井むつみ，針生悦子『言葉をおぼえるしくみ』筑摩書房，2014

今井むつみ『ことばの発達の謎を解く』筑摩書房，2013

今井むつみ『ことばと思考』岩波書店，2010

乾敏郎『脳科学から見る子どもの心の育ち』ミネルヴァ書房，2013

岩田誠『ホモ・ピクトル・ムジカーリス ― アートの進化史 ―』中山書店，2017

岩田誠「小脳の症候学」辻省次編『小脳と運動失調』中山書店，2013

岩田誠『脳とコミュニケーション』朝倉書店，1987

梶川祥世，正高信男「乳児における歌に含まれた語彙パターンの短期保持」『認知科学』7：131 － 138，2000

梶川祥世，正高信男「乳児における朗読音声中に含まれた語彙パターンの認知」『心理学研究』74：244 － 252，2003

梶川祥世「音声の獲得」小林春美，佐々木正人編『新・子どもたちの言語獲得』大修館書店，2008

梶川祥世，針生悦子「乳児における助詞『が』の認識」『玉川大学脳科学研究所紀要』2：13 － 21，2009

Keller SS, Highley JR, Garcia-Finana M et al. Sulcal variability, stereological measurement, and asymmetry of Broca's area on MR images. *Journal of Anatomy*, 211: 534–555, 2007

Kinno R, Ohta S, Muragaki Y et al. Differential reorganization of three syntax-related networks induced by a left frontal glioma. *Brain*, 137:

1193–1212, 2014

岸本健「共同注意」日本発達心理学会編『社会的認知の発達科学』153 – 166，新曜社，2018

喜多壮太郎「身振りとことば」小林春美，佐々木正人編『新・子どもたちの言語獲得』大修館書店，2008

小林春美「語彙の獲得」小林春美，佐々木正人編『新・子どもたちの言語獲得』大修館書店，2008

小嶋知幸，大塚裕一，宮本恵美『なるほど！失語症の評価と治療』金原出版，2010

Limperopoulos C, Chilingaryan G, Guizard N et al. Cerebellar injury in the premature infant is associated with impaired growth of specific cerebral regions. *Pediatric Research*, 68: 145–150, 2010

Liszkowski U, Carpenter M, Henning A, Striano T, Tomasello M. Twelve-month-olds point to share attention and interest. *Developmental Science*, 7: 297–307, 2004

Liszkowski U, Carpenter M, Striano T, Tomasello M. 12-and 18-month-olds point to provide information for others. *Journal of Cognition and Development*, 7: 173–187, 2006

Liszkowski U, Carpenter M, Tomasello M. Pointing out new news, old news, and absent referents at 12 months of age. *Developmental Science*, 10: 1–7, 2007

Luo Y. Do 10-month-old infants understand others' false beliefs? *Cognition*, 121: 289–298, 2011

Mandler JM, McDonough L. Concept formation in infancy. *Cognitive Development*, 8: 291–318, 1993

正高信男『子どもはことばをからだで覚える』中央公論新社，2001

正高信男『0歳児がことばを獲得するとき』中央公論新社，1993

Mathiak K, Hertrich I, Grodd W, Ackermann H. Cerebellum and speech perception: A functional magnetic resonance imaging study. *Journal of Cognitive Neuroscience*, 14: 902–912, 2002

松井智子「語用論的コミュニケーション」日本発達心理学会編『社会的認知の発達科学』204－219，新曜社，2018

松井智子「知識の呪縛からの解放」開一夫・長谷川寿一編『ソーシャルブレインズ』217－244，東京大学出版会，2009

Meltzoff AN, Moore MK. Imitation of facial and manual gestures by human neonates. *Science*, 198: 75–78, 1977

Meltzoff AN, Moore MK. Explaining facial imitation: A theoretical model. *Early Development and Parenting*, 6: 179–192, 1997

明和政子『まねが育むヒトの心』岩波書店，2012

明和政子『ヒトの発達の謎を解く』筑摩書房，2019

森悦郎，山鳥重「右外側型脳内出血に伴った nonaphasic misnaming の1例」『失語症研究』2：261－267，1982

永井千代子「共同注意の脳内機構」『Brain and Nerve』71：993–1002, 2019

Nakatani H, Nakamura Y, Okanoya K. Respective involvement of the right cerebellar Crus I and II in syntactic and semantic processing for comprehension of language. *Cerebellum*, 22: 739–755, 2023

大隅典子『脳から見た自閉症』講談社，2016

Onishi KH, Baillargeon R. Do 15-month-old infants understand false beliefs? *Science*, 308: 255–258, 2005

苧阪直行，越野英哉『社会脳ネットワーク入門』新曜社，2018

ポルトマン・アドルフ著，高木正孝訳『人間はどこまで動物か』岩波書店，1961

Ponzes P, Cahill ME, Jones KA et al. Dendritic spine pathology in neuropsychiatric disorders. *Nature Neuroscience*, 14: 285–293, 2011

Riva D, Giorgi C. The cerebellum contributes to higher functions during development: Evidence from a series of children surgically treated for posterior fossa tumors. *Brain*, 123: 1051–1061, 2000

Rizzolatti G, Arbib MA. Language within our grasp. *Trends in Neuroscience*, 21: 188–194, 1998

リゾラッティ・ジャコモ，シニガリア・コラド共著，柴田裕之訳『ミラーニューロン』紀伊国屋書店，2009

Scott RB, Stoodley CJ, Anslow P et al. Lateralized cognitive deficits in children following cerebellar lesions. *Developmental Medicine & Child Neurology*, 43: 685–691, 2001

酒井邦嘉『言語の脳科学』中央公論新社，2002

Senju A, Csibra G. Gaze following in human infants depends on communicative signals. *Current Biology*, 18: 668–671, 2008

千住淳『自閉症スペクトラムとは何か —— ひとの「関わり」の謎に挑む』筑摩書房，2014

Silveri MC, Leggio MG, Molinari M. The cerebellum contributes to linguistic production: A case of agrammatic speech following a right cerebellar lesion. *Neurology*, 44: 2047–2050, 1994

Stoodley CJ. Distinct regions of the cerebellum show gray matter decreases in autism, ADHD, and developmental dyslexia. *Frontiers in Systems Neuroscience*. 8: 92, 2014

Tamura I, Hamada S, Soma H, Moriwaka F, Tashiro K. A case of pure autotopagnosia following Creutzfeldt-Jakob disease. *Cognitive Neuropsychology*, 33: 398–404, 2016

Tavano A, Grasso R, Gagliardi C, et al. Disorders of cognitive and affective development in cerebellar malformations. *Brain*, 130: 2646–2660, 2007

テイラー・ジル・ボルト著，竹内薫訳『奇跡の脳』新潮社，2012

トマセロ・マイケル著，大堀壽夫他訳『心とことばの起源を探る』勁草書房，2006

トマセロ・マイケル著，松井智子，岩田彩志訳『コミュニケーションの起源を探る』勁草書房，2013

Tomasello M, Haberl K. Understanding attention: 12-and 18-month-olds know what is new for other persons. *Developmental Psychology*, 39: 906–912, 2003

Vanish A, Demir OE, Baldwin D. Thirteen-and 18-month-old infants recognize when they need referential information. *Social Development*, 20: 431–449, 2011

Verly M, Verhoeven J, Zink I et al. Altered functional connectivity of the language network in ASD: Role of classical language areas and cerebellum. *Neuroimage: clinical*, 4: 374–382, 2014

Wang SSH, Kloth AD, Badura A. The cerebellum, sensitive periods, and autism. *Neuron*, 83: 518–532, 2014

山鳥重『神経心理学入門』医学書院，1985

山鳥重「右脳と言語機能」『失語症研究』9：155 － 162，1989

山鳥重「右半球損傷と言語行動」『失語症研究』12：168 － 173，1992

山鳥重「右半球と awareness」『失語症研究』15：175 － 180，1995

山鳥重『ヒトはなぜことばを使えるか』講談社，1998

山鳥重『記憶の神経心理学』医学書院，2002

山鳥重『言葉と脳と心』講談社，2011

山口勝之，後藤昇，奈良隆寛「ヒト胎児期小脳の発達：構造別体積の検討」『脳と発達』20：3 － 9，1988

第4章

小脳と高次脳機能

　前章では、意味処理や文法処理などの言語情報処理におい
て、課題の負荷が高まると小脳の活動が高まることを見てき
た。本章では、言語以外の高次脳機能、効率的に計画を実行す
る執行系（ワーキングメモリ、語流暢性）、欲望に関わる報酬
系、他者のこころの理解や抑制を営むメンタライジング系およ
び記憶系における小脳の関与を脳機能画像研究から見てみた
い。執行系、報酬系、メンタライジング系に関する脳機能画像
研究は、多数行われているが、小脳の活動に言及していない報
告も少なからずあるのが現状である。また小脳損傷、小脳疾患
における高次脳機能障害、発散的思考と無意識的思考について
も論じたい。最後に小脳が大脳機能の増幅器（ブースター）と
して機能している可能性について述べたい。

１ 執行系と小脳

　目標を設定し、行動調節をしながら目標を達成する主に前
頭葉が営む遂行機能（executive function）は執行系ともいわれ、
認知脳とも呼ばれている。執行系の中枢は、外側前頭前野であ
り、主な機能としては、ホモ・サピエンス特有の高度な思考
を営む上で不可欠なワーキングメモリーがある。1970年代に

第 4 章 小脳と高次脳機能

バッドリーがワーキングメモリーモデルを提唱して以降、多くの研究がなされてきた。ワーキングメモリーモデルは、音韻情報を短期的に記憶する音韻ループと視覚性情報を短期的に記憶する視空間スケッチパッド、この短期記憶情報を維持・操作する中央実行系からなっている。ワーキングメモリーに関しては、暗算や逆唱のほかにも様々な課題が考案されてきた。また執行系は、語流暢性課題（制限時間内に動物名「あ」などで始まる言葉を列挙する）によって検討されている。

1) 言語性ワーキングメモリー

近年、ワーキングメモリーの脳内機構が脳機能画像により解明されている。Marvel & Desmond（2010）は、スタンバーグ課題（あらかじめいくつかの文字を提示し、あとで検査刺激を出し、その検査刺激が最初に出たいくつかの文字の中に存在したかどうかを判断する）を fMRI で検討し、「記銘」（記憶への入力）は、左中下前頭回、補足運動野と右小脳歯状核、「想起」では左中前頭回と前運動野、右小脳歯状核の活性化がみられている。Hayter ら（2007）は、高度なワーキングメモリー課題（PASAT：1秒もしくは2秒間隔で連続して音声提示される数字を2個ずつ足し算する。例：3－2－7－3……正解は、5, 9, 10）を使用して fMRI で検討し、左上中前頭回、島皮質、上頭頂葉と左右小脳VI、Crus I 、Crus II の賦活がみられている。また Küper ら（2016）は、n-back 課題（実験参加者は、一連の刺激〈文字列など〉を提示され、現在提示されている刺激が n 回前の刺激と同じかどうかを回答する）を用いて0-2back 課題へとワーキングメモリーの負荷を高めた場合の小脳の活動を

検討し、左右小脳Ⅵ、Crus Ⅰ、Crus Ⅱ、ⅦB，Ⅷ、Ⅸ、左歯状核の賦活が高まったこと、また負荷の上昇に応じて左右小脳半球の賦活が拡大することを明らかにした。以上より、ワーキングメモリーの中央実行系（保持された記憶情報の操作）は、背外側前頭前野の左上中前頭回（ブロードマン脳地図46野、9野、以下B46、B9）が営んでいるが、同時に左右小脳Ⅵ、CrusⅠ、Crus Ⅱ、ⅦB、Ⅷ、Ⅸ、左右歯状核の活動がみられており、右小脳がより優位と考えられる。つまり言語性ワーキングメモリーは主に右小脳－左前頭葉が営んでいる。また、Chen & Desmond（2005）は、fMRIを用いて、ワーキングメモリーの小脳－大脳ネットワークを報告している。彼らは、中下前頭回B44、B6と左右上部小脳Ⅵ、CrusⅠが、音韻情報を維持するためのリハーサルに関与し、下頭頂葉B40と右小脳ⅦBが、音韻情報の保持に関与することを示唆している。つまりワーキングメモリーの下位システム（音韻ループ、リハーサル）においても小脳が前頭葉、頭頂葉とともに活動している。ホモ・サピエンスの思考において、大きな役割を果たしているワーキングメモリーに小脳が深く関与しているといえる。

2) 語流暢性

語流暢性課題は、限られた時間（多くは1分間）で、動物などのカテゴリーに属する語（カテゴリー語流暢性）、「あ」「ｓ」などの語頭音で始まる語（語頭音流暢性）を可能な限り列挙する課題である。高次脳機能検査で高頻度に用いられる難度の高い課題であり、前頭葉の営む認知的柔軟性を鋭敏に把握できる検査である。

第4章 小脳と高次脳機能

　小脳損傷者の高次脳機能を左右別に検討した Gottwald ら（2004）は、語流暢性課題では、健常対照群と比較して、左小脳損傷群では有意差がみられなかったが、右小脳損傷群で有意な低下がみられた。Jansen ら（2005）は、言語野のある優位半球が左半球7名、右半球7名に語頭音流暢性課題を行い、fMRIで検討した結果、優位半球のブローカ野、上側頭回、側頭極、縁上回、両側背側前部帯状皮質、側頭極、下前頭前野と対側の小脳半球（Ⅵ、Ⅶ、CrusⅠ、CrusⅡ）に賦活がみられている。Stoodley（2012）も、これまでの脳機能画像研究成果の総説において、語流暢性課題における右小脳（Ⅵ、CrusⅠ、CrusⅡ）と左大脳半球の関連性を指摘している。語流暢性課題は、右小脳－左大脳が主に活動していると考えられる。

　ASD における語流暢性の検討では、カテゴリー語流暢性の低下（Spek et al. 2009）（Inokuchi & Kamio 2013）、語頭音流暢性の低下（Spek et al. 2009）が報告されている。

　Begeer ら（2014）は、26例の ASD（6〜23歳）の ASD と定型発達群との語流暢性課題（カテゴリー：動物）の比較検討を行い、語想起数では低下はないが、ASD 群では別のクラスターへのスイッチが少ない、またよりクラスターの分散傾向がみられ、定型発達との質的違いが明らかになった。彼らは、小脳に障害を持つ ASD が、語流暢性課題において次々によどみなく語を想起する際の戦略的機能低下に関連している可能性を示唆している。

② 報酬系と小脳

大脳辺縁系に含まれる扁桃体、線条体（尾状核と被殻）、島皮質および眼窩前頭前野を中心とした部位が、報酬を反映した行動、記憶に基づいた価値判断、意思決定を行っており、報酬系と呼ばれている。報酬系は、欲望脳ともいわれている。報酬系は、食欲のような動物的なものだけでなく、金銭、ヒトからの賞賛、復讐の成功、慈善行為など様々な人間的事象と関係している。

報酬系に関する脳機能画像研究において、Nieuwenhuis ら（2005）は、fMRI によってギャンブル課題による損得の脳内活動を検討し、活性化された脳部位は、線条体（右被殻、左尾状核）、左淡蒼球、左下頭頂葉、左帯状回後部、左帯状溝後方、左中前頭回、左右小脳（右優位）であり、線条体、左前頭葉、左頭頂葉とともに右小脳優位の関与が認められた。報酬は、金銭だけでなく、他者からの自己の人物評価でよい評価が得られた場合、左右線条体、左右視床、左右小脳（右優位）の賦活がみられた。線条体は、様々な動物で食料などの報酬に対して活性化する部位であるが、ヒトの場合は、他者からの評価という社会的報酬でも活性化されることが明らかになった（Izuma et al. 2008）。報酬系では、左右線条体とともに右小脳－左大脳優位の活性化がみられたことから、対象の価値を感情的に受け止めるだけでなく、言語や計算などの左脳優位の情報処理と関係していると推測できる。

3 メンタライジング系と小脳

メンタライジングネットワークは、精神状態についての思考に関する前頭前野内側部（medial prefrontal cortex: mPFC）と側頭頭頂接合部（temporo-parietal junction: TPJ）、顔や動作の観察に関する上側頭溝後部（posterior superior temporal sulcus: pSTS）、社会的認知に関するその他の領域は、外側面では、下前頭回（inferior frontal gyrus: IFG）、頭頂間溝（interparietal sulcus: IPS）、内側面では、前帯状皮質（anterior cingulate cortex: ACC）、偏桃体（amygdala）、前島皮質（anterior insula: AI）といわれている（Blakemore 2008）。

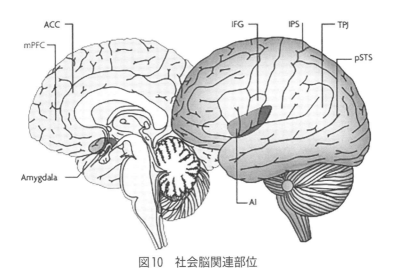

図10　社会脳関連部位

Blakemore S-J. The social brain in adolescence. *Nature Reviews Neuroscience*, 9: p. 268, 2008

前部帯状回（B24）を中心とした前頭前野内側部（mPFC）
は、ひとつの規則では問題解決できないような複雑な問題の解
決にあたって、複数の認知操作による問題解決を行う部位とい
われている。このネットワークは、自己及び他者のこころの
理解、行動のモニタリング、葛藤調整、抑制機能を営んでい
る。代表的な高次脳機能検査にカラーストループ課題がある。
様々な色のインクで印刷された色を表す漢字を提示し、漢字で
はなく色の名前を言う課題である。例えば緑のインクで印刷さ
れた「赤」という漢字を見て、習慣的に漢字「赤」を読んでし
まうステレオタイプの反応を抑制して「みどり」と言わなけれ
ばならない。この葛藤調整、抑制機能を要する課題で、特に活
性化する脳部位が前頭前野内側部（前部帯状回〈B24〉）であ
る。メンタライジングネットワークの主要部位の側頭頭頂接
合部（TPJ）は、右半球 TPJ が他者の視点、左半球 TPJ が自己
の視点でのメンタライジングに関与するといわれている（乾
2013）。また右上側頭溝（pSTS）は、顔の動的な表情の認知に
関与している（Akiyama et al. 2006）と報告されている。メン
タライジング系は、「効率を重んじる」認知脳・執行系と「欲
求を満たそうとする」欲望脳・報酬系の間で起こる葛藤を調整
していると考えられ、社会脳ともいわれている。メンタライジ
ング系への小脳の関与についての脳機能画像による研究報告を
みていきたい。

1) アイコンタクト・表情認知

　まず、アイコンタクトは、乳児期に出現する最も基本的なコ
ミュニケーションである。Koike ら（2019）は、アイコンタク

ト（リアルタイムと20秒遅れのリプレイ映像）における脳活動についてfMRIにより検討し、リアルタイムでのアイコンタクトにおいて左右帯状回、右前部島皮質、右下前頭回、左右小脳（左優位）の賦活がみられたことから、アイコンタクトにおける左小脳と帯状回、右前部島皮質、右下前頭回の機能的連結を報告し、共同注意の基盤となる相互注意メカニズム（アイコンタクト）における小脳（左優位）－右大脳の関与を明らかにしている。

　次に他者の表情認知にも小脳が関与していることが、近年の小脳疾患研究および脳機能画像研究から明らかになっている。両側小脳の萎縮を呈する脊髄小脳変性症、小脳損傷患者と健常対照群において、目つきの認知課題を行い、小脳疾患群において肯定的表情の認知低下がみられたが、否定的、中立的表情では対照群との差がないことが報告されている（Hoche et al. 2016）。またfMRIを用いた表情の判断（悲しみ、怒り）において、左右下前頭回、左中側頭回、右下側頭回、左頭頂葉、右中帯状回、左右小脳（左優位）、小脳虫部、左右後頭葉の賦活がみられ、右下前頭回－左小脳の外側下部が表情認知に関与することが示唆されている（Scheuerecker et al. 2007）。以上、メンタライジングの基盤となるアイコンタクト・表情認知に左小脳－右大脳の優位な関与が考えられる。

2）共同注意

　共同注意は言語獲得の基盤となる重要な機能である。受動的共同注意（RJA）は、他者の注意に追従して、同じ対象に注意を向ける。また能動的共同注意（IJA）は、他者の注意を自分

が注意を向けている対象に向けさせると定義されている（永井2019）。

　共同注意に関する脳機能画像研究報告をいくつか挙げてみよう。画面上のアバターが6つの家のどれかにいる泥棒を探し、視線を向けた家に、被験者が視線を向ける受動的共同注意（RJA）条件と逆に被験者が見つけた泥棒のいる家にアバターが視線を向ける能動的共同注意（IJA）条件を行い、被験者の脳活動をfMRIで計測したところIJAとRJAに共通して見られた賦活部位は、左右中前頭回、右下前頭回、右中側頭回、右側頭頭頂接合部（TPJ）、後部上側頭溝（pSTS）、楔前部（右優位）であった（Caruana et al. 2015）。つまり共同注意では右半球優位の活動がみられるといえる。またIJAで、右中前頭回、右下前頭回、右側頭頭頂接合部（TPJ）、楔前部とともに左右小脳の賦活がみられている。さらに画像上のアバターが、IJAに協力的な場合と非協力的な場合の脳活動の違いを検討したところ、協調的な場合は、右扁桃体、紡錘状回、帯状回、線条体、頭頂葉が賦活し、非協調的な場合は、右側頭頭頂接合部（TPJ）、左右小脳が賦活した（Gordon et al. 2013）。以上より共同注意では、他者の視点を考える右TPJとともに小脳の活動がみられている。Gordonら（2013）は、IJAに非協力的な場合は、より相手への気遣いが増加し、共同注意の負荷量が増加したと述べている。以上の研究報告より、受動的共同注意（RJA）より高度な能動的共同注意（IJA）で課題の負荷量が増加した際に、小脳の活動がみられると考えられ、共同注意では、左右小脳－右大脳の優位な活動がみられている。

114

3) メンタライジング

　両側小脳に萎縮がみられる脊髄小脳失調症において、物語を聞いて、主人公の行動の正当性を判断する課題を行った結果、健常対照群と物語の理解には有意差がみられなかったが、主人公の心理の理解に有意な低下がみられることから、小脳とメンタライジングの関連が示唆されている（Garrard et al. 2008）。他者のこころの理解に関連する課題を遂行中に賦活する脳部位について PET を用いて Calarge ら（2003）が、検討している。彼らは、「ベンチに座って泣いている異性についてストーリーを作る」課題で、左右中前頭回（B32, 10）、左上側頭回（B6, 9, 32）、右前部帯状回（B24）、左楔前部（B23）、左側頭極（B21）、左右小脳（右優位）の活性化がみられた。この研究では、他者のこころの理解とともに物語を創る言語性課題が用いられていることから、メンタライジングに関する右大脳とともに言語に関連する左大脳の活動が高まったと考えられる。Carrington & Bailey（2009）は、1994年から2008年に報告されたメンタライジングについて fMRI を用いた40の研究を総括し、こころの状態についての判断、他者のこころの状態についての質問、物語、漫画、アニメーション、動画などの課題で、前頭前野内側部（mPFC）、上側頭溝（pSTS）、側頭頭頂接合部（TPJ）、前帯状回（ACC）のほかに下頭頂葉（IPL）、楔前部、外側前頭前野（LPFC）に次いで小脳の賦活がみられたことを述べている。彼らの総説では、誤信念課題、意図の理解、共感、素振りの理解などで小脳の活動がみられたことから、小脳と前頭葉のメンタライジングネットワークを示唆している。

　メンタライジングネットワークを検討した Metoki ら（2022）

は、fMRI を使用して社会的意味を解読できる幾何学図形の動きをメンタライジング課題に用い、左右小脳VI、CrusⅠ、ⅦBが強く活性化し、特に左小脳－視床－右大脳回路が小脳－橋－大脳回路よりもメンタライジングに関与していることを示唆している。またバイオロジカルモーション（光点でヒトの動きを表現し、それを解読）課題を fMRI により解析し、左小脳 CrusⅠとヒトの表情や体の動きを知覚する右後部上側頭溝（pSTS）との連合が報告されている（Sokolov et al. 2014）。

　これらの小脳－大脳メンタライジングネットワークは、ASDにおける検討とも合致している。Igelström ら（2017）は、平均年齢13.8歳、60例の ASD 例の静止状態 fMRI（閉眼、課題なし、覚醒状態）で ASD における右側頭頭頂接合部（TPJ）と左 CrusⅡの結合の弱さを示唆している。また、成人 ASD について、Olivito ら（2017）は、静止状態 fMRI により、小脳（左歯状核）と右上側頭溝（pSTS）、右側頭頭頂接合部（TPJ）、内側前頭前野（mPFC）の連結が定型発達対照群より低下していることを明らかにしている。彼らは、小脳皮質から視床に出力する際の中継地の歯状核を重視して、左歯状核－右大脳皮質回路をメンタライジングネットワークと考えている。以上より、言語系、認知系、報酬系が右小脳－左大脳が優位であったのと対照的にアイコンタクト、共同注意、他者のこころの理解などメンタライジング系では、左小脳－右大脳が優位に活動しているといえる。右大脳半球（右前頭前野、右側頭頭頂接合部〈TPJ〉および右後部上側頭溝〈pSTS〉）と左小脳の結合が、メンタライジングネットワークの要となり、執行系や報酬系に対する調整・抑制をしていると考えられる。

4) 共感

　感情を生じさせるための身体反応を引き起こす機能（セイリエンスネットワーク）が、共感にかかわると考えられており、セイリエンスネットワークにかかわる脳部位は、島皮質前部と帯状回前部といわれている。帯状回前部は、心的ストレスがかかる課題で活動し、島皮質前部は、内臓を含む身体内部の状態をモニターし、異変を意識化する機能と想定されており、感情状態と身体状態のいずれの変化にも共通して活動することがわかっている（梅田2014）。他者の痛みに対する共感について、親密なカップルのうち女性がfMRIの被験者となり、パートナーの男性は女性からみえるすぐそばに位置し、女性とパートナーは、右手に電気刺激を受け、痛みを感じる。愛するパートナーの痛みへの共感における賦活部位は、両側島前方、両側帯状回前方、両側小脳（左右ともに強い賦活）であったことから、共感においても小脳が活動することが示唆され、苦痛ネットワークは感覚的価値ではなく、感情的価値と考えられている（Singer et al. 2004）。さらにSingerら（2006）は、実験以前にゲームを行い、そこで不正をする人と正しい人を区別できるようにする。男性被験者は、不正する人が苦痛を感じても共感する脳部位が賦活しないが、女性は多少賦活という結果が得られた。この結果は、相手がどのような人であるかという記憶情報によって脳活動が影響されることを示唆している。

④ 記憶と小脳

　高次脳機能の主要な働きとその脳部位について述べてきた

が、記憶と深い関連を持つ皮質下系（海馬・基底核・扁桃体・小脳）についてふれておきたい。海馬は、記憶の中枢であり、記憶の形成、固定、維持、更新など記憶の構築に関与する。代表的な記憶の回路には、パペッツの回路（海馬－脳弓－乳頭体－乳頭体視床路－視床前核－視床帯状回投射－帯状回－海馬）とヤコブレフの回路（扁桃体－視床背内側核－前頭葉眼窩皮質後方－側頭葉前方－扁桃体）があり、いずれも情動と深く関連している。入力された短期記憶情報は、海馬から大脳皮質に転写（固定化）され、永続的な長期記憶になるといわれている。

　基底核、扁桃体、小脳は、系統発生的に古くから存在し、水泳や自転車乗りなどの運動や楽器の演奏など体で覚える手続き記憶に関係している。特に小脳は、運動の熟達において内部モデルによって円滑な運動を可能にしている。扁桃体は、海馬、大脳皮質と連携して恐怖エピソードの記憶を想起し、脅威予測をすることで生存の確率を高める働きを持っている。

　記憶には、言語性記憶と視覚性記憶があるが、ここでは言語性記憶について取り扱う。被験者の個人的な過去の出来事（エピソード記憶）の意図的想起について、Andreasen ら（1999）は、PET を使用して左前頭葉眼窩部、帯状回後部、左頭頂葉、左視床中背側部、左右小脳（右優位）に賦活がみられ、小脳が時間的に配列されたエピソード記憶の意図的な想起の際に大脳機能を補完すると推察している。

　意味記憶とエピソード記憶の脳活動の違いについて PET を使用して検討した Wiggs ら（1999）は、ベースライン：呼称、意味記憶条件：物と色（通常）、エピソード条件：色－物（非

第4章　小脳と高次脳機能

通常）で脳機能をみたところ、意味記憶条件がエピソード記憶
条件よりも強く賦活した部位は、左前頭葉、左側頭葉、右海馬
であり、エピソード記憶条件が意味記憶条件よりも強く賦活し
た部位は、帯状回前方および後方、右楔前部、右視床、左小脳
であった。エピソード記憶条件において小脳の賦活がみられた
理由について、彼らは、エピソード条件において新情報の想起
が行われたことからより高度な情報処理が必要であることを考
察している。

　エピソード記憶とワーキングメモリーについて fMRI を用い
て比較検討を行った Cabeza ら（2002）は、エピソード記憶課
題は、語の再認課題を用い、ワーキングメモリー課題は、遅延
再生課題を使用した。小脳は、エピソード記憶、ワーキングメ
モリーのいずれでも賦活がみられ、エピソード記憶でワーキン
グメモリーよりも強い賦活がみられた部位は、左右前頭葉、前
部帯状回、頭頂後頭葉、左右小脳であった。ワーキングメモ
リーがエピソード記憶より強い賦活がみられたのが、左右前頭
葉、左下頭頂葉、頭頂後頭葉、楔前部であり、小脳の賦活はエ
ピソード記憶でのみみられた。

　以上より、ヒトのエピソード記憶は、文レベルの言語と時間
と場所の情報に結び付けられて保存されていることからエピ
ソード記憶貯蔵庫から必要な事柄を想起する際には、情報処理
量の負荷が大きくなり、小脳の活動がみられたと考えられる。

5 小脳損傷による高次脳機能障害

　成人の小脳損傷の研究成果にも触れておきたい。小児におい

ては、小脳損傷の対側の機能低下がみられること、成長に必要な大脳ー小脳回路の発達障害がみられていたが、成人も同様に対側の機能低下がみられること、また成人の一側小脳損傷の予後に関して、3か月後に77％が職場復帰していることから、小脳損傷の改善が良好であることが報告されている（Hokkanen et al. 2006）。また小脳腫瘍などによる一側または両側小脳損傷者21例において、ワーキングメモリー、分配性注意の障害、語流暢性障害、抑制障害、近時記憶障害など負荷の高い課題での低下が認められ、さらに右小脳損傷者は、左小脳損傷者よりも障害の重症度が高いことが明らかにされている（Gottwald et al. 2004）。この結果は、ヒトの高次脳機能は、左右大脳小脳が協調して営んでいるが、右小脳ー左大脳回路がより優位であることを示している。また Baillieux ら（2010）は、18例の局所性小脳病変患者の高次脳機能障害を検討し、広範な認知や言語の障害（83％）、注意障害（72％）、前頭葉機能障害（50％）、記憶障害（50％）がみられ、さらに右小脳が言語処理、推論に関連し、左小脳が注意や視空間認知に関与していること、50％の患者が前頭葉損傷に類似した行動、感情変化を呈したことを報告していることから小脳と前頭葉の強い関連がうかがわれる。

6 脊髄小脳失調症における高次脳機能障害

　脊髄小脳失調症（タイプ3、6）における記憶などの高次脳機能障害について筆者らの報告を見てみたい。優性遺伝性脊髄小脳失調症（spinocerebellar ataxia: SCA）は、CAG リピート配列（遺伝子配列のくりかえしの数）の異常伸張という遺伝子変異

第4章　小脳と高次脳機能

によって生じる遺伝性の神経疾患である。

　SCA タイプ 6 は、第 19 染色体にある P/Q 型カルシウムチャンネルの α1A サブユニット CACNA1A 遺伝子のリピート配列の異常が原因である。50 歳以上の高齢発症が多く、臨床症状は、歩行時ふらつき、構音障害、頭位変換時のめまい感、腱反射異常、痙性、深部感覚障害、ジストニアなどの不随意運動がみとめられる。病理学的には、小脳皮質、とくにプルキンエ細胞の脱落・変性がみられ、小脳萎縮に小脳半球間の左右差は見られない。画像所見では小脳に限局した萎縮が認められるため、純粋な小脳症状と考えることができる。また SCA タイプ 3 は、第 14 染色体にある ataxin-3 遺伝子内の CAG リピート配列の異常伸張が原因であり、臨床症状は、びっくり眼、眼球運動障害、自律神経障害がみられる。病理学的には、小脳歯状核、大脳基底核、脳幹、脊髄の変性がみられ、変性に小脳半球間の左右差は見られない。画像所見では、左右小脳萎縮、脳幹萎縮がみとめられる（永井 2013）。

　まず SCA6 の高次脳機能障害についての検討は、SCA6 群と年齢、性別、教育年数、知的機能に差がなく、脳疾患の既往のない対照群に近時記憶検査として三宅式記銘力検査、Alzheimer's disease assessment scale（ADAS）の 10 単語再生課題、12 単語再認課題を行った。前頭葉機能検査は、語流暢性課題（カテゴリー：動物名、語頭音：「あ、さ」で始まる言葉の想起）、即時記憶は、数系列の順唱、ワーキングメモリー課題は、数系列の逆唱を施行した。さらに Frontal Assessment Battery（FAB）、注意機能検査として Trail Making Test（TMT）、構成機能検査は、図形の模写（ADAS）を施行し、結果は、

121

SCA6群において近時記憶（三宅式記銘力検査、無関係対語）、語頭音語流暢性課題「あ＋さ」の有意な低下がみられたが、再認課題、即時記憶、ワーキングメモリー、FAB、語流暢性課題（カテゴリー）、TMT、構成機能課題には、両群間で有意差が認められなかった。結果から、SCA6の高次脳機能障害は、記銘（記憶情報の入力）、貯蔵（記憶の維持）、想起（記憶の再生）という記憶の3過程において、再認（過去に認識した事柄の判断）は良好であったことから記憶情報の記銘、貯蔵は良好であるが、近時記憶障害がみられたことから、近時記憶貯蔵庫からの想起障害および語頭音語流暢性課題で障害がみられたことより長期記憶（意味記憶）貯蔵庫からの想起障害が考えられた。つまりSCA6の病巣部位の小脳皮質（プルキンエ細胞）が、近時記憶貯蔵庫、長期記憶（意味記憶）貯蔵庫からの想起に関与している可能性が考えられた（Tamura et al. 2017）。

　次にSCA3の検討では、SCA3群と対照群に近時記憶検査として三宅式記銘力検査（有関係対語、無関係対語）、ADASの10単語再生課題、12単語再認課題を行った。前頭葉機能検査は、語流暢性課題：カテゴリー：動物名、語頭音「あ、さ」で始まる言葉、即時記憶は順唱、ワーキングメモリー課題は逆唱を施行した。さらにFAB、TMT、仮名ひろいテスト（無意味つづり、物語）を施行した。結果は、SCA3群において、近時記憶（三宅式記銘力検査、有関係対語、無関係対語）、ADAS単語再生、ワーキングメモリー、語流暢性課題：カテゴリー（動物）及び語頭音「あ＋さ」の有意な低下がみられたが、再認課題、即時記憶、FAB、注意機能には、両群間で有意差が認められなかった。結果から、SCA6群同様、SCA3群において

第4章　小脳と高次脳機能

も再認は良好であったことから記憶情報の記銘、貯蔵は良好であるが、近時記憶障害がみられたことから、近時記憶貯蔵庫からの想起障害および語流暢性障害がみられたことより長期記憶（意味記憶）貯蔵庫からの想起障害が考えられた。さらにSCA3群においては、ワーキングメモリーの低下がみられたことから、短期記憶貯蔵庫からの想起障害も考えられた（Tamura et al. 2018）。SCA6では見られなかったワーキングメモリーの障害が、SCA3に見られた理由は、SCA3とSCA6の高次脳機能障害の重症度の違い、あるいはSCA3における歯状核の変性に起因する可能性が考えられた。**結論として、ヒトの脳内情報処理において、負荷の高い情報処理は、記憶の操作 ―― 特に想起 ―― と思われる、膨大な量の記憶貯蔵庫からの想起には、多大な負荷が脳にかかっていると思われる。そこで、小脳は、貯蔵時間の異なる長期、近時および短期記憶貯蔵庫からの記憶情報の想起をサポートしている可能性が示唆され、均一な構造からなる小脳の働きは、それぞれ異なるシステムを持つ記憶貯蔵庫からの記憶情報の想起に画一的に作用していることが推測された。**

　文献化されていない知見であるが、SCA3群、健常対照群で近時記憶の即時再生と遅延再生を比較検討した。記憶課題は、単語の再生課題の後、20分後に遅延再生を行った。結果は、SCA3群では即時再生では低下がみられていたが、遅延再生で想起できる語数の顕著な増加がみられるという特異的な反応がみられた。健常対照群では即時再生は良好であり、遅延再生では想起語数が低下したことから、通常の記憶の減衰と考えられる。この結果から、SCA3群では、時間間隔をおくことで想起

123

が可能になっていることから、小脳に障害のない健常対照群では、記銘・貯蔵した記憶情報が短時間で想起できることと対照的に、SCA3群では、記銘・貯蔵した記憶情報を想起できる状態に変換することに時間を要したと推測でき、小脳疾患が、想起に関わる記憶の情報処理速度低下に関与している可能性が考えられる。つまり大量な記憶から必要な情報を敏速に想起することに小脳が関与している可能性が考えられる。

7 無意識的思考と小脳

　語流暢性課題に低下がみられるのが、小脳障害の特徴的症状であり、上記のSCA3、6でも語流暢性課題の有意な低下がみられた。語流暢性課題は、論理的にひとつの正解に到達する収束的思考（例：1＋1＝2）と異なり、新しい発想を自由に数多く生み出す発散的思考課題といわれている。語流暢性課題を用いて無意識的思考を検討した研究を紹介したい。Dijksterhuis & Meurs（2006）は、87人の大学生を被験者にパスタの新しい名前を考え、1分間でできるだけ多く言う課題を行った。最初の教示では、存在しないパスタの名前が5つ提示され、すべて［i］で終わっている。被験者は、3群に分けられ、即時条件群では、課題提示後すぐ反応を求められた。意識的思考条件群は、3分間考える時間を与えられた後に反応を求められた。無意識思考条件群は、課題提示後3分間パソコン上で追跡課題（注意機能課題）を行い、その後反応を求められた。結果は、考えられたパスタの名前が［i］で終わる反応が収束的思考、［i］以外で終わる反応が発散的思考として、全体で収束的

124

思考での反応が発散的思考よりも有意に多かった。しかし即時
条件群と意識的思考条件群では、収束的思考反応が多かった
が、無意識的思考条件では、発散的思考がより多くみられた。
さらに彼らは、同様に3群（即時条件群、意識的思考条件群、
無意識的思考条件群）でレンガの使い道を数多く考える同じ手
続きの課題を行った。評価はアイデアの数だけでなく、創造性
（二人の評価者が1〜7のスケールで採点、2名の判断は、高い
相関〈0.78〉がみられた）も算定された。結果は、回答数、創
造性が一番高かったのが無意識的思考条件であった。彼らは、
より創造的な発散的思考には、その問題からしばらく離れる無
意識的思考が有効であると結論し、創造性が必要な課題は、思
考の労力を無意識に任せることを推奨している。Kageyamaら
(2019) は、fMRIを用いて無意識的思考について検討した。実
験は、34名の成人を対象に、人物と車について説明文を読ん
で、優先順位を決める課題を3条件（即時条件、意識的思考条
件（2分間熟考の後反応)、無意識的思考条件（2分間ワーキン
グメモリー課題：1-back課題）で行った。結果は、意思決定
の結果は3群で差がなかったが、脳機能画像における賦活部位
は、人物では、左右楔前部、中心傍小葉、車では、右楔前部、
右中心後回、上頭頂小葉、中後頭回であった。人物、車のいず
れでも共通した賦活部位は、右楔前部だが賦活部位は多少違っ
ていた。彼らは、楔前部の機能として、脳の様々な領域の情報
を統合する部位と述べている。残念ながら小脳の活動に関して
は言及されていない。しかし、語流暢性課題の遂行に必要な発
散的思考が、無意識的思考に関与していると考えられることお
よび小脳障害で語流暢性課題が低下することから、無意識的思

考と小脳に関して今後の研究が期待される。

　また、報酬系に対する意思決定における無意識の関与についての仮説として、ある経験に対する快不快の感覚を記憶し、それを感情に表出させることで意思決定を効率化させるというダマシオ（2000）のソマティックマーカー仮説がある。ダマシオ（2000）は、ギャンブリング課題を用いて意思決定について検討し、被験者は、利得も多いが、罰金も多いカードの山A、Bと利得は少ないが、罰金も少なく最終的にA、Bよりも利得が得られるカードの山C、Dから、自由にカードを引いていく。健常者は、利得と罰金から学習し、A、BからC、Dへ移行するが、前頭葉下内側部損傷者は、学習できずにA、Bに執着する。ギャンブル課題中に被験者の体に発汗（自律神経の働きからくる）を調べることができる装置をつけた実験では、健常者がA、Bのカードを選択しようとする際には、20枚目くらいで発汗量に増加がみられる。20枚目というと、まだA、Bのカードが不利であることは意識化されていない段階であるが、生理的な反応が出ることにより、被験者の意思決定は有利なものになる。つまり意識化されるより前に、身体（脳）は危険を察知しているのである。しかし、前頭前野下内側部損傷患者ではそうした反応が出ない。将来的展望を考えた意思決定能力が、前頭葉下内側部（前頭眼窩野B10、B11）で営まれていると考えられる。ギャンブリング課題についてfMRIを用いた機能画像研究では、健常者において両側上中下前頭回（B9、10、47）、右上前頭回B11、左中前頭回B46、右頭頂小葉B7、両側視床、左右小脳の活性化がみられており、小脳の関与が認められている（Frangou et al. 2008）。

第4章　小脳と高次脳機能

8 小脳は大脳の増幅器（ブースター）説

　これまで高次脳機能における小脳の関与について、脳機能画像による研究結果を見てきたが、まとめると言語系では、音韻分析では、右小脳 Crus I と左前頭葉（ブローカ野前方）、左側頭葉上部、意味分析では、右小脳 Crus II 、VII B 、VIII と左側頭葉前方部、左角回、文法では、右小脳 Crus I 、左歯状核と左ブローカ野の賦活がみられた。一方、執行系の言語性ワーキングメモリーでは、左右上部小脳皮質VI、Crus I 、Crus II 、VII B 、VIII、IX、左歯状核と左上中前頭回、下頭頂葉、語流暢性では、右小脳（VI、Crus I 、Crus II ）と左下前頭回に賦活化がみられている。報酬系では、左右小脳（右優位）とともに線条体の賦活がみられた。アイコンタクト、表情認知で左右小脳（左優位）の活動がみられ、メンタライジングでは、左右小脳（VI、Crus I 、Crus II 、VII B ）とともに右下前頭回、右帯状回の賦活がみられ、左右差では、右小脳と左小脳のいずれにも賦活がみられ、主に左小脳－視床－右大脳回路が重要視されている。また共感では、左右小脳に強い賦活がみられている。記憶系では、エピソード記憶では、小脳（右優位）と前部帯状回に活動がみられた。Overwalle ら（2014）は、メンタライジングと前頭葉機能課題において、賦活する小脳部位が共通して、Crus I 、Crus II 、IV、VIであることを指摘し、小脳が社会的認知に関して、領域特異的役割ではなく、領域全般的な実行的支援をしていると考え、小脳が、大脳の営む認知過程への変調器（modulator）の役割を果たしていると述べている。またAkshoomoff ら（1997）は、小脳の全般的注意機能との関連を示

127

唆し、Courchesne ら（1997）は、小脳が、運動から認知に至る学習機能に関連すると述べている。

　しかしこれまで見てきたように言語、高次脳機能全般において、ホモ・サピエンスにおいて巨大化した小脳部位のⅥ、Crus Ⅰ、Crus Ⅱ、ⅦB、Ⅷの賦活がみられ、さらに課題の負荷量が増大すると言語性課題では左小脳、メンタライジングなどの非言語性課題では右小脳が、関連する対側の大脳半球（前頭葉、頭頂葉など）とともに優位に活性化している。つまり、**小脳は、大脳機能の調整器、学習、注意機能を超えて、大脳の営む高次脳機能全般の積極的なブースター（増幅装置）としての役割をはたしていると考えられるのではないだろうか。**

　さらに、小脳が大脳に対してブーストする機能の内容について推測を述べてみたい。生後の大脳の成熟に対する貢献、言語機能における働きとして、語音認知、意味処理、文法処理における左半球言語野とのネットワーク、報酬系における大脳辺縁系とのネットワーク、執行系、抑制系における前頭葉とのネットワーク、メンタライジング系における右前頭葉、TPJ とのネットワークと小脳の関連についての報告を述べてきた。成人の失語症で見てきたように言語系の情報処理（聴理解・発話における音韻処理、意味処理、文法処理）を行うためには、大量の音声言語データを高速で処理しなければならないが、大脳損傷による失語症では、言語情報処理量が低下することで通常の言語コミュニケーションが難しくなっている。言い換えれば多様で大量の情報を高速で処理できる脳を持ったためにホモ・サピエンスは、複雑な言語を持つことができたと考えられる。執行系、抑制系、メンタライジング系、記憶系でも状況に応じて

適切な行動をとるために大量の情報を高速で多重処理しなければならない。小脳は、大脳と異なって細胞組織が一様である。脊髄小脳失調症タイプ3、6の記憶障害に見られたように、小脳は、長期および短期記憶貯蔵庫からの想起に関連している。さらにSCA3の想起障害（遅延再生で想起の向上）が情報処理速度低下に関連している可能性があることから、**広範な負荷の高い情報処理において小脳は、均一に処理速度の向上に貢献するシステムとして大脳機能を増幅している可能性を筆者は推測している**。

第4章　文献

Akiyama T, Kato M, Muramatsu T et al. A deficit in discriminating gaze direction in a case with right superior temporal gyrus lesion. *Neuropsychologia*, 44: 161–170, 2006

Akshoomoff NA, Courchesne E, Townsend J. Attention coordination and anticipatory control. *International Review of Neurobiology*, 41: 575–598, 1997

Andreasen NC, O'Leary DS, Paradiso S et al. The cerebellum plays a role in conscious episodic memory retrieval. *Human Brain Mapping*, 8: 226–234, 1999

Baillieux H, De Smet HJ, Dobbeleir A et al. Cognitive and affective disturbances following focal cerebellar damage in adults: A neuropsychological and SPECT study. *Cortex*, 46: 869–879, 2010

Begeer S, Wierda M, Scheeren AM et al. Verbal fluency in children with autism spectrum disorders: Clustering and switching strategies. *Autism*, 18: 1014–1018, 2014

Blakemore S-J. The social brain in adolescence. *Nature Reviews Neuroscience*, 9: 267–277, 2008

Cabeza R, Dolcos F, Graham R, Nyberg L. Similarities and differences in the neural correlates of episodic memory retrieval and working memory. *Neuroimage*, 16: 317–330, 2002

Carrington SJ & Bailey AJ. Are there theory of mind regions in the Brain? A review of the neuroimaging literature. *Human Brain Mapping*, 30: 2313–2335, 2009

Caruana N, Brock J, Woolgar A. A fronto-temporo-parietal network common to initiating and responding to joint attention bids. *Neuroimage*, 108: 34–46, 2015

Calarge C, Andreasen NC, O'Leary DS. Visualizing how one brain understands another: a pet study of Theory of Mind. *American Journal of Psychiatry*, 160: 1954–1964, 2003

Chen SHA, Desmond JE. Cerebrocerebellar networks during articulatory rehearsal and verbal working memory tasks. *Neuroimage*, 24: 332–338, 2005

Courchesne E, Allen G. Prediction and preparation, fundamental functions of the cerebellum. *Learning and Memory,* 4: 1–35, 1997

ダマシオ・R・アントニオ著, 田中三彦訳『生存する脳』講談社, 2000

Dijksterhuis Ap, Meurs T. Where creativity resides: The generative power of unconscious thought. *Consciousness and Cognition*, 15: 135–146, 2006

Frangou S, Kington J, Raymont V et al. Examining ventral and dorsal prefrontal function in bipolar disorder: A functional magnetic resonance imaging study. *European Psychiatry*, 23: 300–308, 2008

Garrard P, Martin NH, Giunti P, Cipolotti L. Cognitive and social cognitive functioning in spinocerebellar ataxia: a preliminary characterization.

第 4 章　小脳と高次脳機能

Journal of Neurology, 255: 398–405, 2008

Gordon I, Eilbott JA, Feldman R et al. Social, reward, and attention brain networks are involved when online bids for joint attention are met with congruent versus incongruent responses. *Social Neuroscience*, 8: 544–554, 2013

Gottwald B, Wilde B, Mihajlovic Z, Mehdorn HM. Evidence for distinct cognitive deficits after focal cerebellar lesions. *Journal of Neurology, Neurosurgery, and Psychiatry*, 75: 1524–1531, 2004

Hayter AL, Langdon DW, Ramnani N. Cerebellar contributions to working memory. *Neuroimage*, 36: 943–954, 2007

Hoche F, Guell X, Sherman JC et al. Cerebellar contribution to social cognition. *Cerebellum*, 15: 732–743, 2016

Hokkanen LSK, Kauranen V, Roine RO et al. Subtle cognitive deficits after cerebellar infarcts. *European Journal of Neurology*, 13: 161–170, 2006

Igelström MK, Webb TW, Graziano MSA. Functional connectivity between the temporoparietal cortex and cerebellum in Autism spectrum disorder. *Cerebral Cortex,* 27: 2617–2627, 2017

Inokuchi E & Kamio Y. Qualitative analyses of verbal fluency in adolescents and young adults with high-functioning autism spectrum disorder. *Research in Autism spectrum disorders*, 7: 1403–1410, 2013

乾敏郎『脳科学から見る子どもの心の育ち』ミネルヴァ書房，2013

Izuma K, Saito DN, Sadato N. Processing of social and monetary rewards in the Human striatum. *Neuron*, 58: 284–294, 2008

Jansen A, Flöel A, Randenborgh JV et al. Crossed cerebro-cerebellar language dominance. *Human Brain Mapping*, 24: 165–172, 2005

Kageyama T, Kawata KHDS, Kawashima R. et al. Performance and material-dependant holistic representation of unconscious thought: A functional magnetic resonance imaging study. *Frontiers in Human Neuroscience*, 13: 418, 2019

Koike T, Sumiya, M, Nakagawa, E et al.　What makes eye contact special?

Neural substrates of on-line mutual eye-gaze: a hyperscanning fMRI study. *eNeuro*, 6: 0284–18, 2019

Küper M, Kaschani P, Thurling M et al. Cerebellar fMRI activation increases with increasing working memory demands. *Cerebellum*, 15: 322–335, 2016

Marvel CL, Desmond JE. The contributions of cerebro-cerebellar circuitry to executive verbal working memory. *Cortex*, 46: 880–895, 2010

Metoki A, Wang Y, Olson IR. The social cerebellum: A large-scale investigation of functional and structural specificity and connectivity. *Cerebral Cortex*, 32: 987–1003, 2022

永井知代子「共同注意の脳内機構」『Brain and Nerve』71: 993–1002, 2019

永井義隆「ポリグルタミン鎖の伸張による SCA」辻省次編『小脳と運動失調』中山書店，172－181，2013

Nieuwenhuis S, Heslenfeld DJ, Alting von Geusau NJ et al. Activity in human reward-sensitive brain areas is strongly context dependent. *Neuroimage*, 25: 1302–1309, 2005

Olivito G, Clausi S, Laghi F et al. Resting-state functional connectivity changes between dentate nucleus and cortical social brain regions in Autism spectrum disorders. *Cerebellum*, 16: 283–292, 2017

Overwalle FV, Baetens K, Mariën P, Vandekerckhove M. Social cognition and the cerebellum: A meta-analysis of over 350 fMRI studies. *Neuroimage*, 86: 554–572, 2014

Scheuerecker J, Frodl T, Kousouleris N et al. Cerebral differences in explicit and implicit emotional processing-An fMRI study. *Neuropschobiology*, 56: 32–39, 2007

Singer T, Seymour B, O'Doherty JP, et al. Empathy for pain involves the affective but not sensory components of pain. *Science*, 303: 1157–1162, 2004

Singer T, Seymour B, O'Doherty JP, et al. Empathic neural responses are modulated by the perceived fairness of others. *Nature*, 439: 466–469, 2006

Sokolov A, Erb M, Grodd W, Pavlova MA. Structural loop between the cerebellum and the superior temporal sulcus: Evidence from diffusion tensor imaging. *Cereberal Cortex*, 24: 626–632, 2014

Spek A, Schatorjé T, Scholte E, van Berckelaer-Onnes I. Verbal fluency in adults with high functioning autism or Asperger syndrome. *Neuropsychologia*, 47: 652–656, 2009

Stoodley CJ. The cerebellum and cognition: Evidence from functional imaging studies. *Cerebellum*, 11: 352–365, 2012

Tamura I, Takei A, Hamada S et al. Executive dysfunction in patients with spinocerebellar ataxia type 3. *Journal of Neurology*, 265: 1563–1572, 2018

Tamura I, Takei A, Hamada S et al. Cognitive dysfunction in patients with spinocerebellar ataxia type 6, *Journal of Neurology*, 264: 260–267, 2017

梅田聡「共感の科学」梅田聡他編『共感』コミュニケーションの認知科学2，岩波書店，1－30，2014

Wiggs CL, Weisberg J, Martin A. Neural correlates of semantic and episodic memory retrieval. *Neuropsychologia*, 37: 103–118, 1999

第5章

ホモ・サピエンスの過去・現在・未来

　ここまでネアンデルタール人とホモ・サピエンスの小脳の違い、幼児期における大脳の成熟に小脳が貢献していること、失語症のメカニズムから、言語運用には音韻、意味、文法情報を高速で処理する機能が必要であること。言語系だけでなく、主に前頭葉が関与する執行系、報酬系、メンタライジング系においても、負荷の高い課題で小脳の活動が高まることをみてきた。以上より小脳が、大脳のブースト機能を果たし、高速情報処理をサポートするシステムがあったことからホモ・サピエンスが高度な言語を持つことができたという仮説には、複数の根拠があるといえる。最終章では、ホモ・サピエンスの小脳と言語、ホモ・サピエンスの過去と現在における言語の功罪について論じ、さらにホモ・サピエンスの未来についても考えたい。

1 ホモ・サピエンスにおける小脳と言語

　絶滅したネアンデルタール人と複雑な言語を獲得し、現在まで繁栄を極めてきたホモ・サピエンスにおいて全脳、前頭葉には差がなく、両者の脳の差異 ― ホモ・サピエンスの大きな小脳 ― から生じるホモ・サピエンスの優位についてこれまで論じてきた。ホモ・サピエンスとネアンデルタール人の脳の違

第 5 章　ホモ・サピエンスの過去・現在・未来

いは小脳だけでなく、大脳全体の球形変化という見方もある（Gunz et al. 2019）が、本書で述べてきたとおり、小脳は乳児から成人まで大脳に多大な貢献をしている。

　さらに Kouchiyama ら（2018）は、ホモ・サピエンスでは、左右小脳の大きさに有意差は認められていないが、ネアンデルタール人の右小脳が左小脳よりも有意に小さいことを報告している。これまでみてきたように小児期の小脳の果たす役割は、対側大脳の成熟に不可欠な要素になっていること、小児期の小脳の発育不全が ASD など言語発達や社会性の障害の誘因となることを見てきた。さらに成人では、発話や聴理解における膨大な量の音韻処理と意味処理を高速に処理できる脳を持つことで言語の使用が可能になったこと、執行系、報酬系、言語系、言語性記憶系に右小脳－左大脳が優位に関与すること、負荷の高い課題において小脳が大脳機能をブーストしている可能性をみてきた。以上を考慮すると**右小脳が小さかったネアンデルタール人は、右小脳－左大脳回路が高い機能を果たすことが難しく、ホモ・サピエンスのように複雑な言語から生みだされる高度な文化・文明を獲得できなかったことも妥当性があると思われる。一方、ホモ・サピエンスは、左右で大きさに差のない大きな小脳を持ったことで、執行系、報酬系、言語系、言語記憶系に必要な右小脳－左大脳の活動とともに、言語獲得の基盤となる模倣や共同注意などの非言語性知能、社会生活に必要なメンタライジングなど左小脳－右大脳の活動も効率よく行われたと考えられる。**またホモ・サピエンスでは、小脳の体積が増加したが、出産時の大脳の大きさは、ネアンデルタール人と同等であり、出産可能な限界レベルに胎児の頭の大きさを制限し

ながら、出産に影響のない小脳の巨大化により、高性能な脳を得たと考えられる。この点でも、ネアンデルタール人と対照的に大きな小脳を持ったことによりホモ・サピエンスが、繁栄できたという仮説には、根拠があると思われる。

② 言語の長所－短所と右脳－左脳問題

1) 言語の長所

　アウストラロピテクスの時代からヒトは集団で生活し、他者との信頼関係を築き、協力してきた。他者とのコミュニケーションは、長い間非言語的な手段 ― 身振り・声など ― で行われてきたと推測される。さらに音声や身振りによるコミュニケーションを体の触れ合いなどの体の感覚によって補っていたと考えられる。

　ホモ・サピエンスは、進化の過程で偶然に大きな小脳をもったことにより高性能な脳を持ったことから、メッセージの差異化を最大限にできる言語音の産生と理解ができるようになり、豊富な語彙、文法、時制を使用した複雑な言語コミュニケーションが可能となったと考えられる。ホモ・サピエンスは、言語によって他のどの動物も持っていない時間（過去と未来）の意識を持つことができた。また言語を持ったことでエピソード記憶を蓄積できるようになり知識の保存と伝播が可能になった。さらに紀元前3500年から文字が発明されたことで、ホモ・サピエンスは、脳の外部にも記憶装置を持ち、膨大な情報の保持・蓄積が可能となり、文化・文明が飛躍的に高度化した。ホモ・サピエンスの知識量は、言語によって格段に増大し

第5章　ホモ・サピエンスの過去・現在・未来

たといえる。

　言語の利点は、「今・ここ」を離れて、いつでも・どこでも対象物を表現できる記号的性質にある。言語を持ったヒトは、見えるものだけでなく、見えないものも言葉で表現し、概念を認識できる。さらに言葉を組み合わせて思考を積み上げていく創造的活動ができる。子供の言語獲得でみてきたように言語は、コミュニケーションの道具であるだけでなく、思考の道具となる（今井2013）。言語獲得では、子供は対象物とその名称の対応を覚えるのではなく、その言葉が指し示す対象の集合（カテゴリー）との対応を学習する。子供は、言葉を学ぶことで、自分以外の視点から世界を眺めることを学び、世界を様々に異なる視点からまとめうることに気づく（今井2010）。子供の言語獲得は、知的発達と言語発達の相互作用により達成される。抽象的な概念の理解を可能にしているのは言葉（今井2013）であり、言葉は、現実にある事物だけでなく、抽象的、虚構的事象も表現できる。言葉は、われわれが持つ様々なイメージを整理することができ、漠然とした感情も言葉にすることで納得することができる。言葉は、こころに形を与えることができる。「言葉には万物を創造する力がある。」（池田2009）といわれるように言葉は現実を作り出す力を持っている。ヒトは言葉を使って、外界を意味づけ、価値づけ、秩序化し、世界を構造化する。言語は、自然を文化に変える力がある。また言語は新しい時代を創っていく推進力になる。まさに「言語は変化のための力である」（ミズン2006）。ホモ・サピエンスは、高度な言語を手にしたことで、ヒトが根源的にもっていた共感力・協力性が開花し、より結束力の強い集団が形成された。ヒ

137

トは言語によって、様々な情報の時空を超えた知識の蓄積、伝達、新たな発明と改良が可能になり、文化や文明が創造され、人間生活は、より快適、便利、豊かなものとなった。

2) 言語の短所

　言語は、ホモ・サピエンス繁栄の駆動力であったが、利点ばかりではない。私たちは世界にある事物や色、事物の運動などを単に見ているわけではない。見るときに脳では言葉も一緒に想起してしまう。言語は私たちの認識に無意識に侵入してくる。つまり、言語を習得したヒトには、言語を介さない認識は存在しないことになり、あらゆるものが、言語のフィルターを通したものになる（今井2010）。一旦言語を持ったヒトは、虚心坦懐に対象を見ることが困難になっているといえる。

　こころに形を与える言語による意味づけによってヒトは、未知のものを自分の世界に取り込むが、いったんできあがった意味づけの体系が、慣習として確立するとそれは、逆にそれを身につけたヒトをとらえて放さない「牢獄」にもなる。つまり言語を使っていたヒトを今度は言語が虜にするのである（池上1984）。つまり言葉は、ヒトのこころを規定し、縛る働きがある。**ヒトは言葉によって先入観や既成概念を持ってしまう、未来に対する不安や欲望、過去に対する執着や後悔といった言語化された想念にヒトのこころは束縛されることになる。**言語を持ったことでヒトは、「今・ここ」にとどまることができなくなっている。言葉は、ヒトが豊かに持っている五感から切り離されて存在する。「理解というのは、ロゴスの世界の中で物事を言葉として理解することを意味するが、了解というのは、体

第5章 ホモ・サピエンスの過去・現在・未来

全体で納得すること」（山極，小原2019）といわれているように、理解から納得までの道は遠く、言葉は表層的なものになる危険性を常にはらんでいるといえる。つまり言葉は微妙な真理を表現しきれないといえる。結局ヒトにとって本当に価値のあるものは、言語を超えたところにあると考えられる。

　言語は、自然を文化・文明に変える力があることから、ヒトを取り巻く自然は変容し、ヒトは完全に他の動物と別次元の存在になった。動物の生物的欲求は、ヒトでは無限の文化的欲望に変化する（丸山1984）。言語を持ったヒトは欲望を限りなく増幅させ、その欲望を満たすために技術革新をしている。言語が生み出す幻想の世界にヒトは生きることになる。新鮮な驚きを持って迎えられた新しいものは、時間とともに陳腐なもの、あたりまえのものになり、ヒトの欲望は限りなく新しいものを求め、決して満足することがない。言語の物語や虚構を創る力が、集団を結束させ、企業、国家、宗教を生み、経済競争、戦争を引き起こしている。強い影響力を持つ言語は、他人を騙すだけではなく、自分も騙されるという事態を引き起こす。ヒトは、自分たちが言葉を使っていると思っているが、実は、ヒトは言葉に使われているのかもしれない。言語はヒトが作り出したものでありながら、ヒトを超越する存在になってしまったと言える。つまり**言語の時間空間を越えて多様な事柄を差異化し、コミュニケーションできる記号としての言語の長所は、実体から切り離された虚構・幻想を生み出すという短所を必然的に持っている**と考えられる。

3) 右脳－左脳問題

　これまで論じてきた脳の観点から分析すると、子供が言語を獲得している時期は、模倣や指さしから徐々に言語に移行したことから、非言語的情報と言語情報が相互作用し、右小脳－左大脳と左小脳－右大脳の回路は、バランスよく機能していたと考えられる。しかし、一旦言語を獲得した成人では、執行系は、主に前頭葉の営む言語性ワーキングメモリーにより、効率を重んじながら意思決定を行う認知脳と呼ばれており、主に右小脳－左大脳が営んでいる。さらに利益を追求する報酬系は、扁桃体、線条体、眼窩前頭前野などが営む、いわば欲望脳であり、これも右小脳－左大脳が優位である。この相反する報酬系と執行系を調整するという難題を抱えているのがメンタライジング系、社会脳であり、主に左小脳－右大脳が営んでいる。ホモ・サピエンスでは、優位半球ブローカ野が劣位半球ブローカ野よりも大きい（Keller et al. 2007）、高次脳機能における左右小脳の活動は両側だが、言語では、右小脳－左大脳言語野に強い側性化がみられる（Stoodley 2012）、右小脳損傷者は、左小脳損傷者よりも高次脳機能障害の重症度が高い（Gottwald et al. 2004）という報告があるように、促進系の右小脳－左大脳回路が、メンタライジング系・抑制系の左小脳－右大脳回路を圧倒していることは十分に考えられる。山鳥（2011）が述べているように言語が発達・成熟すると言語活動にかかわるこころの働き、つまり左半球由来の言語性心像が意識の大部分を占めるようになり、左半球が意識の大部分を支配することになる。ホモ・サピエンスのこころは、言語で充満しているといえる。

　これまで見てきたように、アイコンタクトや共同注意で右半

球の言語野相当領域の活動がみられており、右半球は非言語性コミュニケーションを営んでいる。右半球が抑制系であることは、右半球損傷による抑制が低下したことによって生じる多弁症、非失語性呼称障害、言語性疾病無関知などの言語症状から理解できる（山鳥2011）。右半球損傷で失語症を呈することはないが、右半球の統制を外れた左半球言語野の自走（Free run）と考えられている。右半球は、左半球言語野にたいして抑制機能を持っていると考えられている。しかし右大脳損傷がなくても左半球言語野は、欲望や感情によってしばしば暴走をするのではないだろうか。

　左右大脳半球は、脳梁を通る交連線維でつながれており、両大脳半球は協調して機能しているので、左右半球を分離して論じることは慎重でなければならないが、ヒトの大脳半球は、右半球と左半球で異なる傾向を示すことは、分離脳や脳機能画像の研究からも明らかである。

　テイラー（2012）は、左大脳出血によって、左大脳機能の低下とともに損傷のない右大脳の健全な状態を経験し、右脳マインドと左脳マインドの機能的差異について論じている。さらにテイラー（2022）は、左右脳をさらに左脳（思考・感情）、右脳（思考・感情）の四つに分割し、左右脳の大脳皮質が営む思考と左右脳の辺縁系（扁桃体、海馬、帯状回）が営む感情に分けている。テイラーの説は、左脳の思考は、言語化・時間系列・分析的・個人的・意識的事柄を特徴とし、他者と比較した結果の自己のアイデンティティ・自我を言葉で表現している。左脳の感情は、過去や未来についての不安や恐怖・利己的・批判的・懐疑的事柄を言葉で表現することを特徴とす

る。一方、言語化されない右脳の思考は、非言語的・イメージのコラージュ・「今・ここ」・身体的・受容的を特徴とし、言語化されない右脳の感情は、信頼・感謝・共感的・思いやり・創造的という特徴があるが、右脳の思考と感情は、脳梁を経て左半球に到達することで言語化される。左右の脳は、互いに相反する機能が抑制しあいながら均衡を保っていると考えられる。テイラーは、自身の左脳損傷による失語症の経験からこれらの四つの脳の働きのコンポーネントを上手にコントロールすることで左脳のネガティブな思考や感情に振り回されない方法を論じている。左脳が、マイナスの思考パターンで物語を作り上げる能力があるというのは、ヒトが長い間言語化して危機管理を行い、常に未来の危険、危機に対応してきたことでホモ・サピエンスは生存を続けられたことが理由と考えられる。テイラー（2012）は、失語症の時期は、言語障害の苦しみはあったものの、優しい右脳マインドに包まれていたが、言語の回復とともにうるさい物語作家が戻ってきたと述べている。やはり右脳マインドは、背後に隠れた存在であり、左脳が休むことなく言語化活動をしているので表に現れないのであろう。テイラーが述べているように言葉を持ったヒトの左脳マインドは、過去のことや未来のことばかり考えて、現在にとどまることができないことと対照的に右脳マインドは、「今・ここ」に自分を引き戻す。

　これまでの議論で言えば、左脳の思考は、言語化して合理的に物事を理解し、遂行する執行系、欲望を満たそうとする報酬系、左脳の感情は、不安や恐怖、懐疑などネガティブな感情。右脳の思考は、葛藤を調整し、他者の心理を洞察するメンタラ

イジング系、右脳の感情は、他者への信頼や思いやりを示す理屈抜きの共感力と考えられる。まさにヒトの脳は、複数の思考と感情のせめぎあう場になっている。

③ ホモ・サピエンスの歴史と言語

1) ホモ・サピエンスの過去・現在

　ヒトの助け合う本性は、出産、子育て、コミュニティの形成、食物の収集、捕食者からの避難、道具の作成などとともに直立歩行で狩猟生活をしていた700万年前から開始されていたと推測できる（Rosenberg & Trevethan 2001）。言語を持ち、集団で暮らすことで生存率を高めてきたホモ・サピエンスには、助け合いの精神、共感力があり、子供の言語発達と同様に相手の伝達意図の解読、自分の伝達意図の発信から言葉が生まれてきたと考えられる。ホモ・サピエンスは、紀元前9500−8500年前から小麦の栽培や動物の家畜化を行い、安定した食料の供給が可能となり、定住生活が始まった。いわゆる農業革命である。農村社会が形成され、食料の供給が確保されたことで人口が増加し、同時に農業生産物という富の分配が、搾取層と被搾取層という階級制を生んだ（ハラリ2016）。紀元前3500年に文字が発明され、知識の記録が可能になったことで、知識の蓄積と技術革新が加速化したと考えられる。ハラリ（2016）は、人類統一の3要素として、貨幣・帝国・宗教を挙げているが、いずれも言語を持ったホモ・サピエンスの創造物である。13世紀に資本主義が生まれ、15世紀には印刷技術が発明され、16世紀には、科学革命が起こった。この時期の科学革命には中世

の伝統を打破するルネサンスの哲学や数学の発達に代表される思考革命が基礎となっていたと推測できる。科学革命の特徴をハラリ（2016）は、3点挙げている。1，伝統的知識を疑い、無知を認める。2，観察結果を数学的に解析し、包括的な説にまとめる。3，近代科学は、新しい説から、新しい力（テクノロジー）の開発を目指す。科学革命は、科学的な発見をするだけにとどまらず、政治や資本家の要求するテクノロジーを生み出していった。18世紀には、産業革命が起こり、蒸気機関の発明、その後現代までに内燃機関、電気、原子力、コンピューターが発明された。人類700万年、ホモ・サピエンスの20万年の歴史の中で、農耕が起こった農業革命がおよそ1万年前、科学革命が500年前、産業革命は300年前である。ホモ・サピエンスは優れた脳によって繁栄したが、短期間で急激な変化が起きた。その変化を推進した最大の要因は言語であろう。

　ホモ・サピエンスには、協力性、間接互恵性が根底にありながらも、絶え間ない争いの歴史がある。人類には、狩猟用の槍が50万年前、弓は10万年前からあったが、その武器がヒトに向けられたのは1万年前からと考えられている（山極，小原2019）。農業革命以降、富の収奪によりヒト同士の殺し合いが生まれたと考えられている。さらにその背後には言語によるレトリック（言語によって動物を殺すように敵を殺す理由を作り出す）が推測されている（山極，小原2019）。言語が戦争の動機づけになった例は多数あり、多数の死者が戦争によって生まれた始まりが、16世紀のカトリックとプロテスタントの宗教戦争（ユグノー戦争）であり、1572年サン・バーテルミーの虐殺が起こり、1万人以上が命を失っている。当時のヨーロッ

パは、15世紀半ばにグーテンベルグが発明した印刷術によっ
て、敵対する陣営を糾弾したポスターがプロパガンダとして使
用され、敵対心を煽ったことがひとつの原因と考えられている
（ル・ルー2023）。その後もホモ・サピエンスは、絶え間なく戦
争を起こしており、常に言語がプロパガンダとして使用されて
いる。**言語は、共同体意識だけでなく、排他性も生み出す。**つ
まり集団が結束力を持つためには、何らかの言語による凝集性
が必要になるが、結束力は、他の集団に対しては、必然的に排
他性を持つことになり、些細な契機が戦争を引き起こすことに
なると考えられる。言語によってホモ・サピエンスの協力性だ
けでなく、好戦性も増大したといえる。

　人類危機の危険因子には、太陽の寿命、惑星の衝突、火山活
動などの自然要因がある一方、近年深刻化している地球温暖
化、環境汚染、絶滅種の増加、戦争などはヒトが原因である
（戸川2019）。ローレンツ（1973）は、文明化した人間の大罪
として、過密社会での自己防衛による非人間化現象や攻撃行動
を引き起こす人口過密の問題、人口爆発が生む食糧問題と環境
問題。また環境破壊、利潤をめぐっての経済競争により、本来
手段であった金銭が目的化するという価値の転倒が起きている
ことを指摘している。ローレンツは、人間同士の競争の原因と
して欲望だけでなく、競争に負けることで生じる貧困化の不安
を挙げている。さらに言語によって築かれた累積的伝統からう
まれた社会的行動規範が弱体化し、マスメディアによる世論操
作などが、文明化したホモ・サピエンスの問題点として警告さ
れている。

　1990年代からインターネット社会になり、人間社会にお

ける情報量と通信速度は飛躍的に高まり、ますます言語過剰の一途をたどっている。さらに現代は人工知能（Artificial intelligence: AI）問題が議論されている。より早く、より便利にというホモ・サピエンスの欲望の追求は、限りなく高度化し続けている。これまで見てきたようにテクノロジーによる社会の変革は、情報が大きな役割を果たしている。ホモ・サピエンスの急激な社会的変化の原動力は、紀元前3500年の文字、15世紀の印刷術、20世紀のインターネットの発明などの言語情報革命と考えられる。

2) ホモ・サピエンスの未来

　進化は、ランダムな突然変異の結果であり、ホモ・サピエンスの脳が完全無欠なわけではなく、より良い方向に進化しているわけでもない。完璧な脳というものは存在しない。脳の巨大化は、生命を維持する脳幹や大脳辺縁系に新皮質が積み重なる形でなされてきた。特に人類は、前頭葉が巨大化することで動物的欲望を抑制するヒトらしい性質が生まれてきた。しかし、ホモ・サピエンスの歴史を見ると大きな大脳、小脳をもってしても、欲望を制御することは難しいと言わざるをえない。ホモ・サピエンスは、科学技術の力によって、遺伝子を解読するだけでなく、操作する技術によって自然選択の法則を破壊した。動物や生態系に害を及ぼしても気にせず、利益と快楽を無限に追求し続けているが、決して満足しない。そして幸せになれないでいる。それが、ホモ・サピエンスの現状である（ハラリ2016）。**要するにホモ・サピエンスの脳は、言語を持ったことで左半球の執行系、報酬系などの促進系がますます強化され**

第5章　ホモ・サピエンスの過去・現在・未来

た結果、繁栄してきたが、メンタライジング系による抑制機能が弱くバランスが悪い脳といえる。さらに現代は、通信技術の発展により、以前とは比較できないほど言語情報が過剰になっている。人類には、豊かさや利潤の追求の反作用として地球温暖化や地球環境汚染など後戻りのできない負の要因がますます高まっている。このまま人類は、絶滅への道を加速化していくのであろうか。

　報酬系、執行系、言語系からなる促進系は、主に右小脳－左大脳回路で営まれており、抑制を営むメンタライジング系は、主に左小脳－右半球回路である。特に報酬系は、欲望脳であるから、強力な促進系となる。巨大化した小脳に支えられた大脳でも、いまだに抑制力が不足しているのが現実と思われる。とするならば、これからの人類が生存し続けるために必要なことは、欲望を抑制すること、共感力を強化すること、つまり右小脳－左大脳システムの陰に隠れた左小脳－右大脳システムの力を取り戻すことであろう。

　では何によって言語で肥大化したヒトの欲望が抑制できるのか。小脳－大脳回路という視点で、以下の二つが想定できる。

　1,　右小脳－左大脳の促進系（言語系、執行系、報酬系）
　　　を弱めること。
　2,　左小脳－右大脳の抑制系（メンタライジング系）を強
　　　化すること。

　テイラー（2012）は、右脳マインドを伸ばし、左脳マインドを弱めるために五感を研ぎ澄ます方法 ── 例えば深呼吸、飲

む、食べる、匂いを感じる、音を聞く、皮膚で感じる —— を推奨している。また右脳は、左脳の限界を超えてエネルギーを感知できる。瞑想が効果的であるのは、右脳マインドが直感的にエネルギーを感じ取り、取り入れているからと述べている（テイラー2012）。

　ここで、脳機能画像研究で成果がみられているひとつの考え方と方法を紹介したい。1980年ごろからカバットジンがアメリカで広めているマインドフルネスは、鈴木大拙、鈴木俊隆など禅宗の研究者や僧侶の英文著書によって欧米に広められた禅の思想を取り入れた瞑想法である。カバットジンは、マインドフルネスの基盤となる思想は、道元の開いた曹洞宗であることを明言している（カバットジン2007）。アップル社のスティーブ・ジョブズやマイクロソフトの創業者ビル・ゲイツが、禅やマインドフルネスに傾倒していたといわれている。

　欧米では、1960年代から禅の思想が広まっており、坐禅センターも多数つくられている。カバットジンは、マインドフルネスとは、呼吸に意識を向けることで注意を集中することによって「今・ここ」を意識的に生きることと述べている。カバットジンが主催するマサチューセッツ大学医学部の中に設けられたマインドフルネスに基づくストレス低減プログラムを実施するセンターでは、呼吸法（呼吸という基本的な生のリズムに注意を集中することで自分の身体に注意を集中し、現在の瞬間を感じる）、静座瞑想法（正しい姿勢で座り、呼吸に集中する、次々に湧き上がる想念を手放すことで、思いに支配されない自分を見出す）、ボディスキャン（自分が宙を向けている体の一部の感覚を感じ取る、体全体をボディスキャンし、統一的

第5章　ホモ・サピエンスの過去・現在・未来

な体全体を感じる）、ヨーガ瞑想法（姿勢をとる体の感覚に集中し、体からの信号を受け取る）、歩行瞑想法（歩くことに意識を集中する）などの自分の呼吸、身体に意識を集中する技法を組み合わせた8週間のプログラムからなり、マインドフルネスは、頭痛、高血圧、こころの病などへの医学的効能や企業での社員のストレス低減、集中力の向上など多方面の用途に使用されている。マインドフルネスを社員の福利厚生に取り入れている企業は、グーグル、ゼネラル・ミルズ、ゴールドマン・サックス、アップル、メドトロニック、エトナなどの先端企業である。彼らは、マインドフルネスが現代の言語過剰から生まれる人間疎外を回避する有効な手段であることに早くから気づいていたと言える。

　マインドフルネスは、禅宗の坐禅から考案されたが、心理的効果（利益）を目指す点で、世俗的方法である。効果を目的にしない、「はからい」なしにただ座る禅宗の坐禅とは、根本的に異なっている。しかし、実践面では共通点も多い。坐禅やマインドフルネスは、言葉にとりつかれ、過去と未来をさまよう右小脳－左大脳システムに隠れた左小脳－右大脳システムの「今・ここ」を取り戻す作業と考えられる。マインドフルネスの有効性に関する脳機能画像研究をいくつか見てみよう。

　健常者を対象に、8週間マインドフルネスを行った後の脳活動の変化をfMRIで検討したSantarnecchiら（2021）は、瞑想時の右小脳の活動低下および右小脳、両側被殻（尾状核と線条体）、前部帯状回の神経接続に変化がみられたことを報告し、マインドフルネスが、不安、鬱に効果があったと考察している。また34年以上瞑想を行っている被験者の脳活動をfMRIで

検討した Mahone ら（2018）は、前部帯状回、両側背外側前頭前野の血流増加と右小脳と橋の血流低下を報告し、マインドフルネスが、執行系、認知的操作を弱めていると考察している。以上の報告は、ともに右小脳の活動低下がみられている。**つまりマインドフルネスが促進系（右小脳－左大脳システム）を弱めることに効果があったと推測できる。**

さらに、8週間のマインドフルネスを行った被験者の灰白質密度の変化を MRI で計測した Hölzel ら（2011）は、左海馬、左帯状回後部、左側頭頭頂接合部（TPJ）、左小脳に灰白質密度の増加がみられたことを報告している。左海馬は、感情のコントロール、左 TPJ の灰白質密度の増加は、自己洞察の視点を営む部位の増強がみられたと考えられる。またマインドフルネスと同様な閉眼での坐法を行うラージャヨーガを8000時間行った被験者を対象に、MRI を使用して灰白質の変化を検討した Babu ら（2021）は、左小脳、右上前頭回、左下眼窩皮質、左側頭・頭頂葉、左右楔前部の灰白質の増加がみられ、また、思考パターン質問紙で肯定的思考の向上が認められたと報告している。Hölzel ら（2011）、Babu ら（2021）は、マインドフルネスによって脳が変化する（脳の可塑性）ことを推測している。特に小脳は、運動学習（内部モデル）に見られるように可塑性が高いといわれている。**この2論文では、マインドフルネスによって左小脳の灰白質密度の増加が認められており、抑制系（左小脳－右大脳システム）の強化が認められている。**

以上よりマインドフルネスは、脳機能画像によって、左小脳－右大脳のメンタライジング（抑制）系強化と右小脳－左大脳の促進系（報酬系、執行系、言語系）を弱めることの両方に

第5章　ホモ・サピエンスの過去・現在・未来

効果が現れていることが示された。このような変化が生まれた原因は、環境によっていかようにも変化できる脳の可塑性にある。マインドフルネスが、抑制系の強化と促進系の弱化を導いた理由として、常にヒトにつきまとう我執から遠ざかること、日ごろ目を向けない自分の身体に集中して「今・ここ」にある自己を取り戻すこと、言葉ではなく、体で自己を感じることに効果があったと考えられる。

　マインドフルネスの源泉となった禅宗の坐禅修行は、仏教の開祖である2500年前インドの貴族の家に生まれ育ったブッダ（釈迦）が、人間が免れることのできない老、病、死という人間の苦しみを解決する道を得るために、瞑想、苦行を行ったが、悟りを得ることができずに菩提樹の下で坐禅をすることで悟りを見出したことに発し、その後中国を経て、鎌倉時代の道元、栄西などによって導入された仏教の修行法である。仏教の教えでは、ヒトの苦しみは欲望から生まれる執着にある。仏教において「悟り」とは、特別な境地に到達することではない。「仏教における悟りとは、何ものかを実体化する執着を捨てることによって、自己の本来のあり方に気づくことに過ぎない」（頼住2011）と述べられている。悟りは、自己本来の姿に気づくことだが、言語に取り巻かれたヒトは、欲望の束縛から脱却できなくなっている。仏教は、キリスト教やイスラム教のようにひとつの神を信仰するのではなく、すべてのヒトに等しく仏の性質が備わっており、自らの仏性に気づくことが悟りと考えられている。道元による曹洞宗の坐禅は、自我によって生み出された絶え間ない妄想・欲望から解き放たれる悟りの境地にたどり着くための修行である。坐禅修行は、誰もが備えているこ

151

の仏性を直接的に体験することといわれている（鈴木2012）。坐禅は、悟りを得るという目的のために行うのではなく、真実の自分自身を見つけるため、金銭、名声、地位、他人との関係などの言語によってつくられた雑念を排除して自己の生命の意味を見出すことにある。坐禅は、二足歩行、手による道具の操作、言語の使用、思考という人間だけが持つ特性を封印し、ただ座ること（只管打坐）でこころと体の一元化を目指すものである（藤田2012）。ヒトは、過去の後悔や未来の不安や欲望にとらわれ、常に何かに心を奪われている。坐禅は、何もしないことをすること、言語や欲望を手放すこと、刻々の瞬間に集中し、ありのままの自分に気づくことを目指している。禅の思想は、言葉を超えた人間の本当の価値をわれわれに示唆していると思われる。

　しかし、ホモ・サピエンスは言語を持っており、言語から離れることはできない。ホモ・サピエンスが存続するためには、促進系の執行系・報酬系・言語系の抑制力を高めるようにわれわれの脳を変化させていくことが必要である。われわれは、促進系と抑制系のバランスを調整する方法を発見・開発し、それを科学的視点で検証しながら、右小脳－左大脳システムを抑制し、左小脳－右大脳システムを強化する方策を見出す知恵が必要と思われる。

第5章　文献

Babu RMG, Kadavigere R, Koteshwara P et al. Rajyoga meditation Experience induces enhanced positive thoughts and alters gray matter volume of brain regions: A cross-sectional study. *Mindfulness*, 12: 1659–1671, 2021

藤田一照『現代坐禅講義』佼成出版社，2012

Gottwald B, Wilde B, Mihajlovic Z, Mehdorn HM. Evidence for distinct cognitive deficits after focal cerebellar lesions. *Journal of Neurology, Neurosurgery and Psychiatry*, 75: 1524–1531, 2004

Gunz P, Tilot AK, Wittfeld K et al. Neandertal introgression sheds light on modern human endocranial globularity. *Current Biology*, 29: 120–127, 2019

Hölzel BK, Carmody J, Vangel M et al. Mindfulness practice leads to increases in regional brain gray matter density. *Psychiatry research: Neuroimaging*, 191: 36–43, 2011

ハラリ・ユヴァル・ノア著，柴田裕之訳『サピエンス全史』河出書房新社，2016

池田晶子『死とは何か』毎日新聞社，2009

池上嘉彦『記号論への招待』岩波書店，1984

今井むつみ『ことばの発達の謎を解く』筑摩書房，2013

今井むつみ『ことばと思考』岩波書店，2010

カバットジン・ジョン著，春木豊訳『マインドフルネスストレス低減法』北大路書房，2007

Keller SS, Highley JR, Garcia-Finana M et al. Sulcal variability, stereological measurement and asymmetry of Broca's area on MR images. *Journal of Anatomy*, 211: 534–555, 2007

Kochiyama T, Ogihara N, Tanabe H et al. Reconstructing the Neanderthal brain using computational anatomy. *Scientific Report*, 8: 62–98, 2018

ル・ルー・ニコラ著，久保田剛史訳『フランスの宗教戦争』白水社，2023

Mahone MC, Travis F, Gevirtz R, Hubbard D. fMRI during transcendental meditation practice. *Brain and Cognition*, 123: 30–33, 2018

丸山圭三郎『文化のフェティシズム』勁草書房，1984

ミズン・スティーヴン著，熊谷淳子訳『歌うネアンデルタール』早川書房，2006（Mithen S. *The singing Neanderthals*. Weidenfeld & Nicolson, 2005）

ローレンツ・コンラート著，日高敏隆・大羽更明訳『文明化した人間の八つの大罪』新思索社，1973

Rosenberg KR, Trevethan WR. The evolution of human birth. *Scientific American*, 285: 72–77, 2001（「出産の進化」『別冊日経サイエンス』151：44－49，2005）

Santarnecchi E, Egiziano E, D'Arista S et al. Mindfulness-based stress reduction training modulates striatal and cerebellar connectivity. *Journal of Neuroscience Research,* 99: 1236–1252, 2021

Stoodley CJ. The cerebellum and cognition: Evidence from functional imaging studies. *Cerebellum*, 11: 352–365, 2012

鈴木俊隆著，松永太郎訳『禅マインド　ビギナーズ・マインド』サンガ，2012

テイラー・ジル・ボルト著，竹内薫訳『奇跡の脳』新潮社，2012

テイラー・ジル・ボルト著，竹内薫訳『WHOLE BRAIN　心が軽くなる「脳」の動かし方』NHK 出版，2022

戸川達男「人類全滅の危機に直面して」『生体医工学』57・131－136，2019

山鳥重『言葉と脳と心』講談社，2011

山極寿一，小原克博『人類の起源、宗教の誕生』平凡社，2019

賴住光子『道元の思想』NHK 出版，2011

あとがき

　まず本書を読んでいただいた読者に感謝を申し上げたい。

　本書のテーマは、「なぜヒトは言葉を持つことができたのか」という疑問に対して、ホモ・サピエンスは、進化の過程で偶然に大きな小脳をもったことで高性能な脳を得て言語を獲得し、文明・文化を築くことができたという仮説を検討することである。小脳の高次脳機能への関与に関しては、研究はまだまだ未開拓である。そこで本書では、小脳の多様な高次脳機能への関与を描写することを目的に、進化、言語発達、失語症、高次脳機能などの視点から小脳が果たしている役割についてまとめた。いろいろな角度から小脳の機能を検討することで、小脳がホモ・サピエンスの繁栄の基盤となった言語獲得に貢献しているという仮説は、十分に妥当性を持つと思われた。

　人間が生み出した道具の中で、言語は絶大な影響力のある最も強力な道具である。言語によってホモ・サピエンスは、あらゆるものを無限に差異化できるようになり、言語によって増幅された欲望をもつようになった。ホモ・サピエンスは、特別な動物 ― 自然の支配者 ― になり、繁栄を続けてきた。しかし、われわれは文化・文明を築き、繁栄を極めているが、同時に絶え間なく起こる戦争、文明の発展による環境汚染、地球温暖化、動植物の絶滅など人類の絶滅の危機を創り出した。ホモ・サピエンスは、自らの手で滅亡の危機を招いている。欲望を制御することが、ホモ・サピエンスの最大の課題である。この課題は紀元前から意識化されており、宗教が生まれた理由もそこ

にあるといえる。ホモ・サピエンスの未来がどうなるのかは誰にもわからない。しかし人類の存続のためにできることを人類の英知を結集して行う時期が来ていることは明らかである。

　最後に、本書の執筆中に天国に旅立った両親に本書を捧げる。長年にわたり共同研究者として高次脳機能研究を支援して頂いた北祐会北海道脳神経内科病院の先生方、家族、お世話になった方々に感謝を申しあげたい。

Abstract

The Crucial Role of the Cerebellum in the Prosperity of *Homo sapiens*

The difference between *Homo sapiens* and the extinct Neanderthals has long been speculated to be the frontal lobe. However, a recent study reported that *H. sapiens* have a larger cerebellum than that of Neanderthas[1-3], without significant differences in the frontal lobe and total brain volume[3]. Therefore, the cerebellum, consisting of approximately four times more neurons than those in the cerebrum[4], is involved in numerous cognitive functions; however, its involvement is underestimated. Here I describe a multidisciplinary perspective on the contribution of the cerebellum in cognitive functions, assessing neuropsychology, evolution, developmental psychology and memory disorder in cerebellar diseases. Furthermore, I propose a hypothesis regarding the involvement of the cerebellum in cognitive evolution responsible for *H. sapiens'* evolutionary prosperity.

In the language acquisition of *H. sapiens*, eye contact emerges at 6 months, and imitation and gestures at 9 months. At approximately 12 months, responding to joint attention (follows the attention of others) and initiating joint attention (IJA) (directs other's attention to the object of one's attention) are established. Thus, nonverbal communication, the basis of language acquisition, is built before the first language; during this period, children can understand the intentions of others. During nonverbal interactions, categorization abilities that form semantic memories and auditory comprehension of speech sounds and vocalizations, lead to the emergence of the first words around age; gestures, joint attention, and language are used to communicate. Vocabulary increases at 18 months, gradually becomes the main form of communication. Based on the vocabulary memorized, children build up a vocabulary system, involving the relationships between words, and modifying it based on three processes, i.e., discovery, imagination, and update, which match vocabulary with meaning[5]. Hence, early language acquisition relies on the development of cognitive and motor functions, including reasoning, semantic memory, sociality, and gestures, which are managed by the rapid growth of the cerebral hemispheres.

The maturation of the cerebrum is involved in cerebellar assistance. Grey matter volume in the right cerebellar lobules VIIB and VIII (Fig. 1) and white matter in the inferior cerebellar peduncle of infants at 7 months is associated with language comprehension at 12 months[6]. Cerebellar abnormalities in childhood following unilateral cerebellar injury cause volume reduction in the grey and white matters of the contralateral dorsolateral prefrontal cortex, premotor cortex, precentral gyrus, and middle temporal lobe[7]. A specific relationship between regional cerebral growth impairment and developmental disorders following contralateral cerebellar injury was observed. Moreover, Tavano et al.[8] reported 27 cases of cerebellar lesions (2-19 years old), and intellectual disabilities and language disorders were found in most all patients. Wang et al.[9] suggested that the effects of cerebellar damage are more severe near birth and in the developing brain, outputs from the cerebellum to cerebrum promote the maturation of neural circuits. The authors advocated for developmental diaschisis, highlighting an abnormal maturation of cerebellar-cerebral neural circuits that carry out higher brain functions, leading to autism spectrum disorder (ASD). ASD is a heritable neurodevelopmental disorder characterized by social abnormalities, communication disorders, and repetitive, stereotypical behaviors. Cerebrum maturation, which enables language and social skill development, is supported by the cerebellum, which grows at the highest rate among all parts of the brain during the first 3 months of life[10].

Extensive research has been conducted on cognitive function in the cerebellum of adults using functional magnetic resonance imaging (fMRI). For example, in right-handed adults, the right cerebellar Crus II is associated with the left anterior temporal lobe and angular gyrus for semantic analysis, while the right cerebellar Crus I is associated with the left Broca's area for syntactic analysis[11]. The right cerebellar Crus I and II activities increased with increasing task difficulty. In verbal working memory, activation of the left and right cerebellar VI, Crus I, II, VIIB, VIII, and IX lobules, and left dentate nucleus increased when the working memory load increased from the 0-2-back task[12]. Moreover, activation expanded to the left and right cerebellar hemispheres as the task load increased.

Regarding social cognition, eye contact is deeply involved in joint attention. Koike et al.[13] compared real-time eye contact and replay conditions via fMRI. Left and right cingulate gyri, right anterior insular cortex, right inferior frontal gyrus, and left and right cerebellum (left-dominant) activation was observed. Left cerebellum-right cerebrum activity in interpersonal relationships was also observed in the most primitive joint attention. Gordon et al.[14] examined the differences in brain activity between congruent and incongruent responses to IJA. In cooperative responses, increased right amygdala, right fusiform gyrus, anterior cingulate cortex, and striatum activation was observed. In contrast, uncooperative responses with increased joint attentional load displayed right temporoparietal junction (TPJ) and cerebellum (left-dominant) activity. The right TPJ considers the perspectives of others. Examining the mentalizing network by fMRI using a geometric figure movement task that interprets social meanings revealed that the left cerebellum (VI and Crus I, VIIB, IX, and X lobules), thalamus, and right cerebrum (prefrontal cortex, TPJ, and posterior temporal lobe) were strongly activated[15]. Therefore, sociality is predominantly controlled by the left cerebellum and right cerebrum.

Activation of cerebellar VI and Crus I, II, VIIB, and VIII lobules was observed in language, working memory, and mentalizing tasks. In other words, the right cerebellum-left cerebrum circuit is mainly activated during verbal tasks, while the left cerebellum-right cerebrum circuit is predominantly activated during social functioning.

Spinocerebellar ataxia type 6 (Purkinje cell-dominant cortical cerebellar degeneration of the bilateral cerebellar cortex) and type 3 (atrophy of the bilateral cerebellar cortex, dentate nucleus, basal ganglia, brainstem, and spinal cord) are associated with cognitive dysfunction, including short-term memory and letter fluency impairments[16, 17]. However, recognition memory appears to stay intact.

Regarding memory processing, no impairments in encoding or storage were observed, but memory recall showed selective impairments. The cerebellum is thought to enhance the recall of information from long- and short-term memory storage[16, 17]. Quickly recalling information from memory storage is challenging; thus, the cerebellar support must function effectively. Van Overwalle et al.[18] inferred that the cerebellum functioned as a modulator to the cerebrum on sociality and executive function in adults. The cerebellum plays a role in reinforcing different cognitive functions of the entire cerebrum and acts as a booster for cognitive functions from infancy to adulthood.

Owing to evolutionary mutations, *H. sapiens* prospered due to sophisticated hunting techniques and advanced language skills, unlike Neanderthals who became extinct largely due to less complex technology and population decline. The disparity in language capabilities likely had significant implications for their respective cultures and civilizations. The lack of language complexity might explain the absence of religion and customs, such as valuable burial goods. Furthermore, *H. sapiens* communicate using a large vocabulary, grammar, and tenses, allowing efficient episodic memory accumulation through verbalization. Hence, language serves as both a communication tool and critical instrument for thought.

The change in brain laterality of *H. sapiens* was reported following language development. Adults with right cerebellar damage have more severe cognitive impairments, such as impaired executive function and memory, than in those with left cerebellar damage[19]. Although the right and left cerebral hemispheres function cooperatively, the right cerebellar-left cerebral circuit is more dominant in *H. sapiens*. Therefore, during language acquisition in early childhood, the left and right cerebrum and cerebellum must develop cooperatively, as nonverbal communication is an essential foundation for language development. However, in adults, who have already acquired language, the right cerebellar-left hemisphere dominant system (facilitating language) predominates the left cerebellar-right hemisphere dominant system (sociality). Once *H. sapiens* acquired advanced language, it becomes central to their cognition. Language has the power to transform nature into culture and become a powerful tool for world domination. From a cultural, environmental, and technical standpoint, language may be the most important factor in the prosperity of *H. sapiens*.

Between Neanderthals and *H. sapiens*, subtle brain differences during evolution led to a remarkable change; *H. sapiens* were able to develop language with a relatively limited brain size. Alternatively, the cerebellum contributes to the growth of *H. sapiens*. Humans began to walk upright, the shape of the pelvis changed to maintain the spine and evolved into a complex shape; hence, the birth canal narrowed, restricting excessive cerebrum growth during childbirth. After bipedal locomotion commenced, the evolution of the pelvis and widening of the birth canal were thought to be necessary for brain enlargement[20]. However, Neanderthals and modern *H. sapiens* have similar birth canal diameters, fetal head sizes at birth, and levels of dystocia[21]. Therefore, *H. sapiens* have evolved advanced brain functions by expanding the cerebellum without affecting childbirth. The *H.*

sapiens brain changed within the largest possible whole-brain area for procreation.

In conclusion, cerebrum enlargement reached its limit in Neanderthals, and *H. sapiens* evolved to produce the maximum performance with limited brain capacity. Reorganization of the cerebrum-cerebellum circuits may be promoted during evolution, the enlarged cerebellum of *H. sapiens* functions as a cerebrum booster. Although various factors contributed to *H. sapiens'* prosperity, it is worth investigating the hypothesis that the ability of their cerebrum to function beyond its size—aided by an enlarged cerebellum—played a role in language development.

References

1. Neubauer, S., Hublin, J. J. & Gunz, P. The evolution of modern human brain shape. *Sci. Adv* **4**, eaao5961 (2018).
2. Gunz, P. et al. Neandertal introgression sheds light on modern human endocranial globularity. *Curr. Biol* **29**, 120–127 (2019).
3. Kochiyama, T. et al. Reconstructing the Neanderthal brain using computational anatomy. *Sci. Rep* **8**, 6296 (2018).
4. Azevedo, F. A. C. et al. Equal numbers of neuronal and nonneuronal cells make the human brain an isometrically scaled-up primate brain. *J. Comp. Neurol* **513**, 532–541 (2009).
5. Haryu, E. & Imai, M. Reorganizing the lexicon by learning a new word: Japanese children's interpretation of the meaning of a new word for a familiar artifact. *Child Dev* **73**, 1378–1391 (2002).
6. Can, D. D. Richards, T. & Kuhl, P. K. Early gray-matter and white-matter

concentration in infancy predict later language skills: a whole brain voxel-based morphometry study. *Brain Lang* **124**, 34–44 (2013).

7. Limperopoulos, C., Chilingaryan, G., Guizard, N., Robertson, R. L. & Du Plessis, A. Cerebellar injury in the premature infant is associated with impaired growth of specific cerebral regions. *Pediatr Res* **68**, 145–150 (2010).

8. Tavano, A. et al. Disorders of cognitive and affective development in cerebellar malformations. *Brain* **130**, 2646–2660 (2007).

9. Wang, S. S. H., Kloth, A. D. & Badura, A. The cerebellum, sensitive periods, and autism. *Neuron* **83**, 518–532 (2014).

10. Holland, D. et al. Structural growth trajectories and rates of change in the first 3 months of infant brain development. *JAMA Neurol* **71**, 1266–1274 (2014).

11. Nakatani, H., Nakamura, Y. & Okanoya, K. Respective involvement of the right cerebellar Crus I and II in syntactic and semantic processing for comprehension of language. *Cerebellum* **22**, 739–755 (2022).

12. Küper, M et al. Cerebellar fMRI activation increases with increasing working memory demands. *Cerebellum* **15**, 322–335 (2016).

13. Koike, T., Sumiya, M., Nakagawa, E., Okazaki, S. & Sadato, N. What makes eye contact special? Neural substrates of on-line mutual eye-gaze: a hyperscanning fMRI study. *eNeuro* **6**, 0284–18 (2019).

14. Gordon, I., Eilbott, J. A., Feldman, R., Pelphrey, K. A. & Vander Wyk, B. C. Social, reward, and attention brain networks are involved when online bids for joint attention are met with congruent versus incongruent responses. *Soc. Neurosci* **8**, 544–554 (2013).

15. Metoki, A., Wang, Y. & Olson, I. R. The social cerebellum: a large-scale investigation of functional and structural specificity and connectivity. *Cereb. Cortex* **32**, 987–1003 (2022).

16. Tamura, I. et al. Cognitive dysfunction in patients with spinocerebellar ataxia type 6. *J. Neurol* **264**, 260–267 (2017).

17. Tamura, I. et al. Executive dysfunction in patients with spinocerebellar ataxia type 3. *J. Neurol* **265**, 1563–1572 (2018).

18. Van Overwalle, F., Baetens, K., Mariën, P. & Vandekerckhove, M. Social cognition and the cerebellum: a meta-analysis of over 350 fMRI studies. *NeuroImage* **86**, 554–572 (2014).

19. Gottwald, B., Wilde, B., Mihajlovic, Z., & Mehdorn, H. M. Evidence for distinct cognitive deficits after focal cerebellar lesions. *J. Neurol. Neurosurg. Psychiatry* **75**, 1524–1531 (2004).

20. Rosenberg, K. & Trevathan, W. Birth, obstetrics and human evolution. *Br. J. Obstet. Gynaecol* **109**, 1199–1206 (2002).

21. Ponce de León, M. S. et al. Neanderthal brain size at birth provides insights into the evolution of human life history. *PNAS* **105**, 13764–13768 (2008).

田村　至 (たむら　いたる)

昭和35年生。水戸第一高等学校卒業。慶應義塾大学法学部政治学科、文学部仏文学科卒業。慶應義塾大学大学院文学研究科仏文学専攻修士課程修了。上智大学大学院外国語学研究科言語学専攻修士課程修了。北海道大学、博士（医学）取得。
言語聴覚士。
北海道医療大学リハビリテーション科学部言語聴覚療法学科教授。

ホモ・サピエンス繁栄の鍵は小脳
～小脳と言語～

2024年12月26日　初版第1刷発行

著　　者　田村　　至
発 行 者　中田典昭
発 行 所　東京図書出版
発行発売　株式会社 リフレ出版
　　　　　〒112-0001　東京都文京区白山 5-4-1-2F
　　　　　電話 (03)6772-7906　FAX 0120-41-8080
印　　刷　株式会社 ブレイン

© Itaru Tamura
ISBN978-4-86641-827-8 C3045
Printed in Japan 2024
本書のコピー、スキャン、デジタル化等の無断複製は著作権法上での例外を除き禁じられています。本書を代行業者等の第三者に依頼してスキャンやデジタル化することは、たとえ個人や家庭内での利用であっても著作権法上認められておりません。

落丁・乱丁はお取替えいたします。
ご意見、ご感想をお寄せ下さい。